长江的微笑

中国长江江豚保护手记

王　丁　郝玉江　邓正宇　著

長江出版傳媒　湖北科学技术出版社

图书在版编目（CIP）数据

长江的微笑：中国长江江豚保护手记 / 王丁，郝玉江，邓正宇著.—武汉：湖北科学技术出版社，2023.10
ISBN 978-7-5706-2837-7

Ⅰ.①长… Ⅱ.①王… ②郝… ③邓… Ⅲ.①江豚－动物保护－中国 Ⅳ.① Q959.841

中国国家版本馆 CIP 数据核字（2023）第 167469 号

策　　划：章雪峰　邓　涛
责任编辑：徐　竹　柯晓昱
责任校对：李子皓　陈横宇　　美术编辑：胡　博　张子容

出版发行：湖北科学技术出版社
地　　址：武汉市雄楚大街 268 号（湖北出版文化城 B 座 13—14 层）
电　　话：027-87679468　　邮　　编：430070

印　　刷：湖北新华印务有限公司　　邮　　编：430035

710×1000　1/16　17.75 印张　280 千字
2023 年 10 月第 1 版　2023 年 10 月第 1 次印刷
定　　价：58.00 元

（本书如有印装问题，可找本社市场部更换）

谨以此书献给为白鱀豚、长江江豚等鲸类动物保护

而不懈努力的人们！

序一

从鱼到豚：追寻长江的生命

1950年，我作为新中国成立后的首批大学生，从武昌华中大学（今华中师范大学）生物系毕业，并被分配到湖南湘雅医学院工作。工作后因病休息了1年，又被重新分配到湖北农学院（今长江大学）植保系，跟随一位教昆虫学的讲师做助教。不久，时在上海的中国科学院水生生物研究所（以下简称“水生所”）的伍献文先生到湖北来招人从事科学研究工作，他相中了我。于是，1952年，我便来到水生所，跟随秉志先生学习鱼类解剖学。自此，开始了我七十余年与长江结缘的故事。

当时水生所在青岛、厦门设立了两个海洋生物研究室（前者后来发展为中国科学院海洋研究所），在江苏太湖设立了淡水生物研究室，伍献文先生是副所长并兼任淡水生物研究室主任。后来我又跟随伍献文先生和刘建康先生到太湖，进行鱼类学的学习及研究。刘建康先生1939年就跟随伍献文先生做研究生，后于1980年当选为中国科学院学部委员（现中国科学院院士），自然又是另一段师生佳话。

1954 年，水生所由上海迁至湖北省武汉市，并设立了“梁子湖鱼类生态调查”课题，由担任鱼类学组组长的刘建康先生负责，于 1955—1957 年在长江中游梁子湖中的梁子镇上设立了工作站，进行鱼类生态学的调查研究。水生所的许多科研人员都在梁子湖工作过，刘建康先生常对大家说：“科学研究不要跟在别人后面走，要创新、要认真、要有头有尾。”我在梁子湖工作期间，跟随刘建康先生做鱼类个体生态学的研究，后发表了多篇论文。《梁子湖鲤鱼鳞片年轮的标志及其形成的时期》是我发表的第一篇学术论文，并在文中首次提出鲤科鱼类鳞片环纹切割现象作为年轮特征，以及生殖轮与年轮相吻合的观点。这种鉴定鱼类年龄的方法和标准在以后一直为水产工作者和鱼类学工作者所沿用。1956 年，水生所成立了首届学术委员会，在举行学术报告会时，我作为青年科研人员的代表报告了《梁子湖鲤鱼鳞片年轮的标志及其形成的时期》，翌日的《湖北日报》还做了报道。

1958 年，刘建康先生再次带队开展“长江鱼类生态调查”工作，并分别在长江上游的重庆木洞、中游的湖北宜昌、下游的上海崇明设立了 3 个工作点，下游工作点由我负责。1960 年，由易伯鲁先生和我共同负责，组织参加了长江流域规划办公室为三峡水利枢纽建设而组织的家鱼产卵场调查大协作。1961—1964 年水生所在江西湖口设站进行了连续 4 年的长江中游经济鱼类的生物学和渔业资源调查工作，主要分两个组，我负责一个组，开展长江经济鱼类生长的调查研究工作。

1954—1964 年，水生所众多的鱼类学工作者在长江流域开展了卓有成效的研究工作，取得了最为翔实可靠的鱼类生态学资料。1958—1959 年，野外工作结束回所后，易伯鲁和我等十余人便抓紧时间整理长江鱼类的资料，包括每一种鱼的形态特征、分布、生活习性、生殖、胚胎和胚后发育、年龄和生长、食性、经济意义等内容，初步形成一份《长江鱼类资源》的手稿，并送给伍献文先生看。他看后提出还要继续补充材料，力求完善。但这本书的出版后来由于种种原因而被搁置。1971 年，我从湖北省南漳县回到水生所。我一回到水生所，伍献文先生就将我和曹文宣叫到家中，语重心长地嘱咐我们要分别将鱼类生态学和鱼类分类学的研究工作抓起来。此时的我，担任着鱼类学研究室的学术秘书，马上想到已搁置了 12 年的《长江鱼类资源》手稿。从 1972 年开始，花了 3 年时间，由我牵头，组织了一批同志重新开始书稿的写作工作，直到 1976 年 3 月,《长江鱼类》终于出版了。

1978 年，国家要求水生所承担“白鱀豚生物学及其物种保护”的研究任务，谁来挂帅呢？担子摆在了我的面前。这对已经 51 岁的我来说又是一个新的考验。在鱼类学领域奋斗了 20 多年，突然要转到几乎完全陌生的鲸类学领域，压力还是相当大的：自己也不再是当年在梁子湖工作时候的年轻人了，精神和体力都有点跟不上。但动力也是巨大的，白鱀豚是只生活于中国长江中下游干流的淡水鲸类，具有重要的科研价值，能够承担白鱀豚的物种保护和繁衍研究工作，不仅有挑战性，而且也是非常光荣的。

我对于长江中的鱼类可谓是了如指掌，可对于白鱀豚这种水生哺乳动物却还比较陌生，不过，一张白纸正好可以绘出最美、最好的图画。而我又回到了长江，依然保持着 20 多年前在长江上奔波的劲头，和年轻的助手们一起考察白鱀豚的分布区域、活动规律和生活习性。

1980 年 1 月,水生所迎来了一位小“客人”—— 一头体重 36.5 千克、体长 1.47 米的幼年雄性白鱀豚，伍献文所长给它取名为“淇淇”。淇淇是被渔民误捕的，头颈部有两个直径 4 厘米、深 8 厘米的伤口。白鱀豚不能离开水生活，外伤药物遇水则溶，这给治疗伤口增加了难度。我和同事们日夜守护着淇淇，探索采用“中西医结合、干湿治结合”的方法，给淇淇做了一件小背心，用中国传统的云南白药涂抹患处，解决了药物溶于水的难题。此外，还将内服药物与食物一起投喂，4 个月后，淇淇的伤口终于痊愈。当年 7 月，我被特邀参加在英国召开的国际捕鲸委员会第 31 届年会，并在会上做报告《中国白鱀豚的研究》，带去的一盘关于白鱀豚的录像资料应其他各国代表的要求连放 3 遍，使得我国鲸类研究工作首次与国际同行交流。

水生所在离本部 6 千米处建立了白鱀豚研究基地，开始几年的条件非常艰苦，全是土路，交通工具就是自行车，建筑工人留下的工棚便是临时的实验室和宿舍，大家以苦为乐，工作热情都很高。后来我的学生王丁回忆说：“我是 1982 年到水生所工作的，那时我老师已经 55 岁了，又是位女同志，也和我们小伙子一样骑着自行车在水生所本部和基地之间来回跑。”

1986 年 3 月，水生所首次采用科学方法在长江成功捕捉到两头活体白鱀豚；10 月，鉴于水生所在白鱀豚研究方面的出色工作在国内外引起了极大的影响，由世界自然保护联盟（IUCN）濒危物种委员会鲸类专家组发起、水生所组织的世界首届“淡水豚类生物学及物种保护学术讨论会”在武汉召开，世界自然保护联盟鲸类专家组的组长 Perrin 博士主持会议。会上来自十多个国家的数十名鲸类专家纷纷向我表示敬意，因为他们一致认为，虽然在世界范围内中国的鲸类学研究起步较晚，但水生所对白鱀豚的研究是所有淡水豚中做得最好的。会后，世界自然保护联盟立即将白鱀豚的保护级别定为“濒危”，而在此之前仅列为“情况不明种”；同时，我也担任了世界自然保护联盟濒危物种委员会鲸类专家组的成员，在更高层面上与国际同行共同探讨保护包括白鱀豚在内的珍稀鲸类动物。

在大家的共同努力下，“白鱀豚饲养生物学研究”获中国科学院科技进步二等奖（1987），“白鱀豚的物种现状及物种保护”获湖北省科技进步二等奖（1988）和国家科技进步三等奖（1989），“三峡工程对长江及沿岸水域生态的影响及其对策的研究”（我承担其中“三峡工程对白鱀豚的影响及其对策研究”部分）获湖北省科技进步二等奖（1995）；1992年，一座集驯养、繁殖、保护、研究、科普于一体的白鱀豚馆在水生所建成；白鱀豚淇淇更成为我国积极开展野生动物保护行动的一面旗帜。1996年12月，我国第一个以水生动物为保护对象的基金会——武汉白鱀豚保护基金会正式成立。1997年，白鱀豚又成为农业部设立的中国水生野生动物保护标志徽图案的主体。而这一切无不凝聚着科研人员的心血。2000年1月，在白鱀豚人工饲养20周年之际，我特意和淇淇在一起合影。确实，我科研生涯的后半截已经与白鱀豚密不可分了。

我在近50年的科研生涯中，发表了45篇学术论文，领衔主编了3本专著，其中1976年3月由科学出版社出版的《长江鱼类》是我国第一部鱼类生态学专著，同时又是我科研生涯前半截的一个总结。而1997年3月由科学出版社出版的《白鱀豚生物学及饲养与保护》则是国际上第一本专门论述一种鲸类的研究专著，同时又为我后半截的科研生涯画了个句号。

退休后的我，依然心系鲸类保护事业，作为一名科研工作者，在保护珍稀野生动物—保护环境—保护地球的宣传普及上，有着与科学研究相同的责任。如今的我，经常会回想起当年为白鳖豚的保护而不断努力的日日夜夜。相较于白鳖豚，长江江豚无疑是幸运的，在王丁以及他的同事和学生们的不懈努力下，长江江豚的人工饲养和繁殖取得了巨大成功，迁地保护种群也不断扩大，更为重要的是在长江大保护的背景下，长江自然生态得到一定程度的修复，长江江豚的自然种群也开始出现止跌回升！我相信，如果淇淇真有来生，也会感到欣慰！如果母亲河长江有知，也一定会露出她久违的“微笑”！

96 岁老人陈佩薰先生原创，张晓良摘编整理

2023 年 9 月

序 二

护豚后浪滚滚来

1982 年 1 月，我从武汉大学空间物理系毕业，毕业后本已分配到当时的中国科学院武汉物理研究所工作。然而或许是机缘巧合，当时正值我国刚刚启动白鱀豚保护研究不久，迫切需要对其生物声呐系统开展深入的研究。中国科学院水生生物研究所（以下简称“水生所”）白鱀豚研究组的创始人陈佩薰老师通过中国科学院武汉分院找到了我，向我介绍了白鱀豚保护研究面临的困难，特别告诉我白鱀豚声学研究在世界范围内仍是一个全新的领域，希望我加入他们的团队。我被陈老师的耐心、执着和学者风范所吸引，更为这个未知的领域而着迷。就这样陈佩薰老师成了我一生的导师，长江豚类保护研究也成了我一生的事业，至今已四十余年。

陈佩薰老师在她的自述专著《风雨长江五十载》中对我们鲸类学科组早期的工作进行了详细的回忆：学科组从白手起家、对白鱀豚一无所知，到建设了新的白鱀豚馆、组建了我国最早的鲸类学研究团队、构建了相对完整的保护生物学体系，并提出了就地保护、迁地保护和人工繁育相结合的整体保护措施。她还特别详细记述了我们在白鳖豚人工繁育方面所付出的艰辛努力、经历的成功喜悦以及遭受的失败痛惜。1996年，我从刘仁俊老师手中接过鲸类学科组组长的接力棒，继续着陈佩薰老师未竟的事业。然而，随着白鳖豚在长江中逐渐衰落直至灭绝，我们的工作重心也逐渐转移到长江江豚的保护和研究上来。

如何避免让长江江豚重蹈白鳖豚的覆辙，这是自我开始担任鲸类学科组组长的第一天开始便一直思考的问题，也是陈老师交给我一定要完成的课题。所以我下定决心，不管有多大困难，都要带领同事和我们的学生将三大保护措施落实在长江江豚的保护上，绝不能再让白鳖豚的悲剧在长江江豚身上重演！同时要为长江豚类和长江保护，更为我国鲸类学研究培养更多更优秀的人才，努力提升我们在鲸类保护生物学领域的研究水平。从我接过鲸类学科组的接力棒至今，经过近30年的努力，我们欣慰地看到三大保护措施在长江江豚身上都得到了有效落实，并取得了显著成效：人工繁育取得成功，多头江豚包括二代江豚成功繁殖，同时建立了长江江豚繁育的管理规范和相应技术体系；长江江豚的迁地保护也取得巨大成效，目前3个自然迁地保种群体数量已经超过150头，为长江江豚物种保护构筑了坚实基础；更可喜的是，2022年最新科考显示，长江江豚的自然种群数量首次出现历史性的止跌回升，从2017年的1012头增长到2022年的1249头。对长江江豚的保护虽然仍道阻且长，但我们已经看到了长江江豚种群恢复的曙光！至此，我可以欣慰地向导师陈佩薰先生报告，我们已经成功将江豚从灭绝的边缘拉回来了，我们正在取得这场战役的决定性胜利！

长江江豚保护成效也得到国际社会的高度关注。国际捕鲸委员会科学委员会在2017年度报告中指出："长江江豚的迁地保护卓有成效，祝贺中国政府、王丁教授和他的团队在这一方面取得的进展。"2018年12月，我获邀参加在德国举行的首届"鲸类迁地保护学术讨论会"，介绍了长江江豚迁地保护的成功经验，得到与会代表的高度赞赏，认为我国长江江豚保护是全球小型濒危鲸类保护"黎明前的希望曙光"。2019年11月，世界自然保护联盟鲸类专家组和国际海洋哺乳动物学会保护委员会又专门组织多国鲸类专家在水生所召开了"长江江豚保护进展及启示国际研讨会"，邀请我们学科组成员系统介绍长江江豚的保护技术，得到与会国外鲸类专家的高度认可，并借鉴我国长江江豚保护体系，尝试制订一套"一揽子保护计划"，为世界其他濒危小型鲸类保护提供参考。因为我在长江江豚保护研究方面的贡献，2021年10月1日，国际海洋哺乳动物学会授予我"荣誉会员"，我也是第一位获此殊誉的中国学者。更让我欣慰和自豪的是，经过我们几辈人的不断努力，我国鲸类保护生物学研究的人才队伍不断壮大，从我们学科组走出去的研究生已经有50多名。他们开枝散叶、落地生根、不断成长，从安徽安庆到上海崇明，从山东青岛到浙江宁波，从福建厦门到广东珠江口，从广西钦州再到海南三亚，多个鲸豚研究团队如一颗颗明珠点缀在长江两岸、沿海之滨，成为我国水生哺乳动物保护研究的人才基石，更是世界鲸豚保护研究不可或缺的"中国力量"。

这本《长江的微笑：中国长江江豚保护手记》是我和我的同事以及学生们对我们在长江江豚保护和研究方面共同努力的集体回顾，旨在让更多的人了解这一段独有的历史，让更多的人了解我们的工作，也了解长江江豚和长江的保护故事，反思我们应该如何处理与长江母亲河的关系。我认为，就自然和环境问题而言，人类是许多问题的根源。但是，人类也可以成为解决问题或防止问题发生的决定性力量。有些事情不是很容易做好的，在得知长江江豚自然种群数量止跌回升之后，一位朋友曾经给我写过这么一段话："做一件好事并不难，难的是一辈子做成一件好事。"长江江豚研究和保护实践告诉我们，如果我们"不忘初心、牢记使命"，我们就可以有所作为。我们只有一个"地球"，我们应该与自然和谐相处，即便只是为了我们人类自身。让我们一起展望未来，保护好我们的母亲河，保护好与我们人类一起被母亲河滋养的长江生灵。这是我们的责任，也关乎人类的未来！

因为本书是集体创作，不同作者的叙事方式和语言风格不同，所以从文学的角度可能有些许瑕疵。但这是我们团队成员从各自视角对这段历史的追忆和解读，是我们用最真实、最朴实的语言对长江江豚保护历史的深情讲述。同样，也请读者能够理解，我们并不完美，在保护和科研工作中，我们也会犯错误，也有失败，也有惋惜，但这是符合历史和逻辑的真实记述，因此也请读者从历史的角度给我们以客观的支持和批评。

本书的完成得到了我的同事和学生们的大力支持，在此特别向他们表示感谢！郝玉江博士对长江江豚繁育工作、天鹅洲迁地保护工作、江豚阿宝适应驯化和软释放工作进行了详细记述，并主持组织本书的撰写和出版协调工作；梅志刚博士对何王庙/集成故道江豚迁地种群构建以及长江自然种群保护工作进行了记述；郑劲松博士对天鹅洲故道江豚种群的遗传管理和个体交换进行了记述；王克雄博士对鄱阳湖江豚考察工作进行了回顾性描述，同时作为现任学科组组长，对本书组织撰稿进行了统筹安排并给予很大支持；在读博士研究生周昊杰同学对天鹅洲江豚适应放归和 2022

年长江江豚科学考察资料进行了整理；《人与生物圈》杂志编辑先义杰博士（也曾是我的博士研究生）对江豚阿宝的软释放过程进行了详细回顾；武汉白鱀豚保护基金会（以下简称“基金会”）的邓晓君女士（曾是郝玉江博士的硕士研究生）对社会组织参与长江江豚保护的工作进行了总结；基金会张晓良同志对白鱀豚保护和研究的早期工作进行了补充；基金会的彭博炜同志为本书图片的整理给予了协助。我这里要特别感谢我们的训练员邓正宇同志，他不仅以自身经历丰富了对长江江豚繁育工作的细节描述，而且承担了本书组稿过程中的录音、统稿和文字整理工作，为本书的最后成型做出了重要贡献。

在这里要将特别的感谢送给长江出版传媒股份有限公司的各位领导和湖北科学技术出版社的编辑们。尤其是章雪峰社长，他加班加点，不辞辛苦，对本书的结构和文字进行了细致梳理，使本书更具有可读性，提升了其文学价值；也特别感谢邓涛总编辑，从本书开始策划、推进到完稿，都积极推动；更要感谢徐竹、柯晓昱两位编辑，在整个过程中不厌其烦地沟通、推进、组稿、校对，事无巨细，无微不至。本书的付梓是大家共同努力的结果，也是因为我们拥有一个共同的目标：讲好中国故事，分享中国智慧，扩大中国影响。当然最根本的是我们心中都有一个共同的愿望，那就是让母亲河长江的微笑永远绽放！

王丁　于武汉

2023 年 9 月

▲双豚游弋（彭博炜　摄）

目录

CONTENTS

中篇
迁地保护

135

下篇
就地保护

201

楔子

阿宝！又见阿宝！

“ 2021 年 4 月的一次例行体检，科研人员又见到了一直牵挂的江豚阿宝。大家惊喜地发现，阿宝现在已是四世同堂的大家长了…… ”

阿宝啊，你在哪里？

2021 年 4 月，湖北的天气时冷时热。位于石首市长江天鹅洲故道的两岸，长满了绿草，有小腿那么高。一排排意杨树，绿叶婆娑，林间湿气很重，阳光穿过树叶照在草地上，光影斑驳。地上的泥土因为含有细沙，很松软，脚踩上去容易塌陷。

故道的北岸边，停靠着一艘很大的趸船，这艘趸船可以移动，移动它的是紧靠它右侧的一艘动力船。停船的岸边有一处较缓的坡，趸船船头很容易靠上岸边。船尾的大甲板被放下，贴近水面，甲板最前面的部分浅浅地浸没在水中，方便其他小船靠近和人员上下船。

趸船的两侧有简易的铁栏杆，船头和船尾有收放甲板的卷扬机，可以通过人力转动将钢缆收起或放下。趸船的中甲板非常宽阔，大约 12 米长、5 米宽，非常平展，完全可以同时放下 2 个乒乓球台。

2021 年 4 月 3 日，又一次的天鹅洲故道长江江豚体检开始了。移动趸船的甲板上一片忙碌景象，上面站满了人，除了来自湖北长江天鹅洲故道白鱀豚国家级自然保护区的管理人员外，还有来自中国科学院水生生物研究所的科研人员和研究生。在中甲板的一侧，有一个折叠式遮阳棚，棚子下方的甲板上放着两块长方形的海绵，这是专门为江豚体检布置的。

中国科学院水生生物研究所副研究员郝玉江和郑劲松，带领着六七位研究生正在准备为江豚体检所用到的器材，包括测量尺、B超机、采血的注射器等。老师和同学们都穿着雨裤和胶靴，海绵上已经洒过好几遍水了，湿漉漉的。

在遮阳棚的其中一侧，有一个塑胶布水池，塑胶布用铝管从四周支撑着，中间是水池，已经灌满了水。这个水池叫“舒缓池”，是让江豚在里面放松身体用的，因为水很浅，只有不到1米深，所以人可以站在水中护住江豚，避免江豚沉到水下发生意外。在遮阳棚的另外一侧，整齐地码放着五六个塑料箱子，每个箱子里面装的物品都不一样，有些装的是药品，有些装的是样本瓶，有些装的是棉签等采样用具，还有些装的是记录本。这些都是中国科学院水生生物研究所江豚体检团队为了方便工作，从天鹅洲保护区管理站搬来的。他们每天早上从保护站出发，中午就在趸船上吃盒饭，一直到下午日落时分才返航回到保护站，所以每天早上出发时，会尽可能地将当天需要用到的物品都带齐全，以免影响工作。

“开始收网了！”

“江豚起水了！”

“江豚起运了！”

遮阳棚支架上悬挂着的对讲机里不时传来余秉芳的声音，作为中国科学院水生生物研究所在捕捞现场协调员的他，正在1千米外的江豚捕捞现场及时汇报着捕捞的进展。

当对讲机中传来“江豚起运了”后，趸船上的人们就开始忙碌起来了。郝玉江、郑劲松要求大家各就各位，几位男生被安排到趸船尾部的甲板上

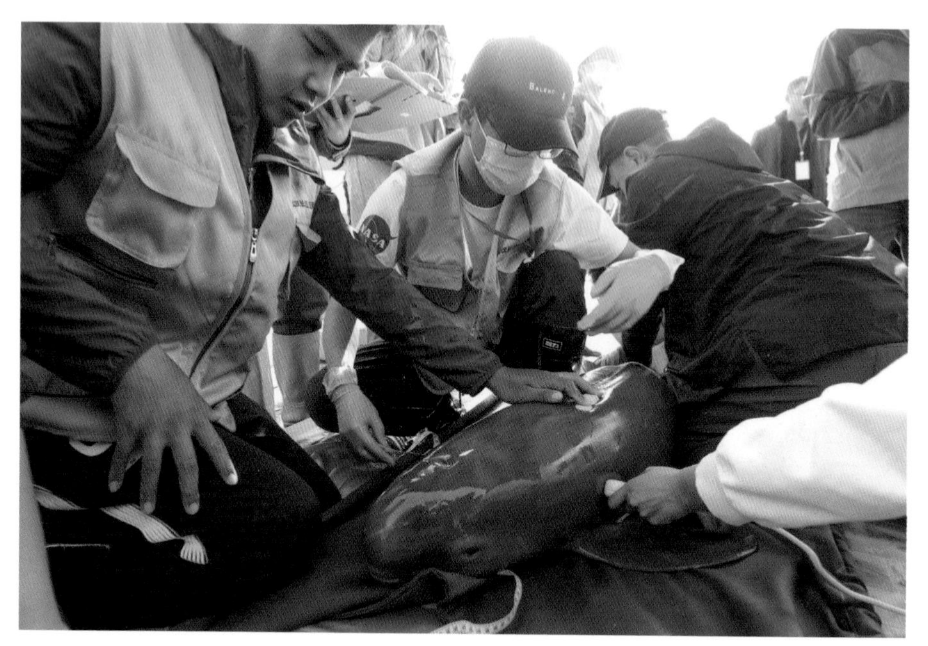

▲ 科研人员为起水后的江豚进行体检（周梦爽　摄）

等待，等运输江豚的船停靠到趸船尾甲板，他们便用担架将江豚从船上的水箱中转移到遮阳棚下的海绵上接受体检。几位女生被安排做记录，协助对江豚进行测量、处理样本等。

江豚被放到海绵上后，需要不停地往它身上浇水，以保持皮肤湿润和降低体温，尤其是尾鳍、鳍肢和额隆部位，很容易发热和变得干燥。几位女生不停地用塑料舀子向江豚身上浇水。与此同时，体检工作也在紧张地进行着。

首先，科研人员用扫描仪对江豚背部进行扫描，以确定它的身份。天鹅洲故道中大部分江豚在以前的体检中，都被植入了一个 PIT 芯片①。这

① PIT（Passive Integrated Tag）芯片，一种可以用来标记身份的芯片。

个芯片很小，只有米粒般大小，是被用像注射器一样的设备注入皮下脂肪层的，因为芯片的体积很小，所以不会对江豚造成伤害。每个芯片都有唯一的编号，相当于每头江豚都有自己的专属“电子身份证”。用专用的扫描仪近距离扫过江豚，即可读出该芯片的编号，也就知道正在体检的江豚是否为上次体检过的那头。

不过有些江豚从体长和体重来看，是5年前出生并接受过体检的个体，但是扫描仪却扫不出芯片的编号，可能是芯片被江豚排斥而脱落了。对于这些江豚，只能通过体表的斑纹、尾鳍形态等特征进行辨认，并再次植入新的PIT芯片。

完成上述工作后，接下来是鉴定江豚的性别。一般会安排两个人先后对江豚进行鉴定。之所以进行两次鉴定，主要是防止出错。因为江豚的雌雄差异在身体外貌上几乎无法区分，只有腹部生殖裂不同，雌性个体在中央生殖裂左、右两侧各有1个小小的乳裂，雄性个体则没有。在早期的工作中，尤其是在野外工作中，因为江豚挣扎得较厉害，容易出现意外，加之有时候围观的人较多而导致光线不足，工作人员曾经判断失误，将雄性个体误认为雌性个体。

科研人员确认了江豚的身份和性别后，便会对该江豚进行编号，编号由4个部分组成：第一部分是年份；第二部分是地点缩写字母，如天鹅洲故道的缩写是“T”；第三部分是性别，用“M”表示雄性，用“F”表示雌性；第四部分是顺序号。这些工作完成后，研究生们开始测量江豚的体长和“四围”，“四围”即颈围、腋围、肛围和最大围。

几乎所有的江豚被放到海绵上以后，都会不停地扭动身体，拍打尾鳍，头部上下左右摆动，不愿意配合测量工作。郝玉江又安排两位研究生分别跪在江豚的两侧，手脚并用地护住江豚，最大限度地减少江豚扭动对测量的影响。负责测量的同学报出测量结果，负责记录的同学则大声重复一遍，在确认测量结果无误后，便将测量结果写到体检记录表上。之后用注射器从江豚的尾鳍上采血，用培养皿在呼吸孔上方采集呼吸样，用 B 超机检查江豚的皮下脂肪厚度、生殖系统和内脏器官等，对妊娠期的雌性江豚还要检查其胎儿的发育情况。B 超检查比较费时，大家都静静地等待着检查人员报告结果。

移动趸船的主甲板上站了很多人，除了参加江豚体检的老师和学生外，还有当地的渔政管理人员，甚至当地的派出所也安排了民警到场维持秩序。体检工作非常顺利，每天从天鹅洲故道起水的江豚时多时少，体检现场的师生每天都是认真准备，迎接每一头江豚，并将体检结束后的江豚放归天鹅洲故道。

其实，初夏体检对江豚来说并不合适，因为这个时间段的江豚，有的即将进入分娩时期，有的刚分娩，捕捞等操作对孕豚、母豚和幼豚非常不利。而在冬季捕捞江豚，这些风险就相对小很多，因为当年出生的幼豚已经超过半岁，能离开母豚主动捕食小鱼；而次年生产的孕豚只是处在妊娠中期，并未到妊娠后期，捕捞对它们的影响相对较小。当然，江豚体检时间的选择，还要受多方面因素的影响，这次体检最终选在初夏，也是各方协商的结果。

在每天的江豚体检中，有好几位曾多次参加过天鹅洲故道江豚体检的老师，包括郝玉江、郑劲松、梅志刚，还有这几天来一直在移动趸船上协调体检现场工作的王克雄。他们都期待芯片扫描仪上显示出他们最为熟悉的一个代码——4448。这是故道中一头雄性江豚的编号尾号，它的名字叫作“阿宝”。

阿宝是唯一同时经历过人工繁育和迁地保护的江豚，也是科研人员心目中的“明星江豚”之一，跟郝玉江他们有着多年朝夕相处的深厚感情。阿宝在天鹅洲故道中生活过，也在白鱀豚馆生活过，后来又回到天鹅洲故道中生活，并且在2015年和之前的多次体检中，许多师生都多次见过它，所以这次体检大家仍期盼着再次见到它。

可是，第一天，第二天，甚至第三天的体检，都没见到阿宝。已经有好几十头江豚被起水和体检了，可是扫描仪上一直未出现大家期待的“4448”。随着故道中江豚起水和体检工作的推进，大家都在为阿宝担忧，担心它皮下的PIT芯片在过去5年中脱落了，失效了，或者出现了什么意外……

阿宝啊，你在哪里？

4448！就是阿宝！

体检进行到第五天时，工作依旧按程序进行着。这时一头江豚被担架从运输船的水箱中转移到海绵上，像往常每次迎接江豚一样，王克雄跟着这头江豚从趸船的尾部甲板走到体检的帐篷下。等研究生们将它放到海绵上时，王克雄立刻发现这头江豚和其他江豚不一样，它安安静静地在海绵上一动不动，身体很胖，整个身体向右侧倾斜，皮肤光滑，呼吸很平稳。几位负责江豚保定[①]的同学也很奇怪，低声说：“这头江豚太老实了！”

王克雄站在一边看着这头江豚，觉得似曾相识，它似乎明白体检结束后就会被重新放归天鹅洲故道，所以觉得没有必要挣扎。王克雄看着这头江豚，感觉好眼熟，尤其是它“稳如泰山”的大将风度，突然明白了，急忙对正在准备采样工作的郑劲松说道：“这不是阿宝吗？！”经王克雄提醒，

①保定：固定动物的一种方法。

郑劲松也恍然大悟，并大声地对着同学们说："就是阿宝！"

一些同学都不知道谁是阿宝，互相望着，有些不知所措。这也可以理解，因为他们大部分人都没有参加过 2015 年天鹅洲故道的江豚普查，更早的普查，他们都没有参加，只是从学科组的一些会议上听说过阿宝，但是可能都没有在意，此刻更是一时想不起来谁是阿宝了。

为了确认大家的判断，郝玉江拿过扫描仪在江豚背上仔细扫了一遍，扫描仪发出"嘀"的一声，小小的显示屏上立即出现了代码——4448！王克雄在记录本上再次确认了一次阿宝的编号，高声地说："就是阿宝！"大家一下子都围了过来，郝玉江和郑劲松是老职工，很了解阿宝的脾气，知道阿宝很乖，不会有扭动身体、拍打尾鳍、甩动头部等剧烈行为，所以就放心地让大家围着阿宝合影。阿宝呢，似乎也很乐意配合大家合影，一动不动地在海绵上继续保持着大将风度。

合影之后，按照体检程序进行采血、采集粪便和做 B 超检查，这些对阿宝来说都是例行公事了。王克雄站在体检团队的外围，看着老师和同学们在忙碌，突然觉得阿宝应该能回忆起 2015 年天鹅洲故道江豚的体检过程，甚至能回忆起它在武汉白鱀豚馆中度过的 7 年时光。所以，今天的体检对阿宝来说，并没有什么不同，只不过是一次例行的身体检查而已。

从身体外形来看，阿宝比其他江豚长得更圆润，体表也很有光泽。体检的最后一项内容是称重，4 名男生提起担架，阿宝在担架上仍然不挣扎。男生们将担架递给已经站在电子磅秤上的梅志刚，梅志刚双手接过担架，用了九牛二虎之力提着，负责读数的同学大声地读出了磅秤的数字：65 千克！负责记录的同学则在体检记录表的"体重"一栏记下了这一数字，并在"备注"栏写下了"阿宝"两个字，然后用铅笔指着记录表"年龄"一栏，抬头问王克雄："年龄填多少？"

"25！"王克雄自豪地回答道。

宛如亲人久别重逢，大家甚是喜悦。眼前的阿宝，体重比6年前的46.8千克又增加了近20千克，想必是这几年的故道生活让它安逸舒适、心宽体胖了。让人唏嘘的是，阿宝看上去肌肉明显松弛了，显得虚胖，也丧失了往日的力量；两只眼睛也都得了白内障，失去了昔日的灵气和锐气。

大家心里不禁一沉：阿宝老了！

不过转念一想，阿宝也该老了。长江江豚的寿命一般也就20多年，25岁的阿宝已经算得上是高龄了。最后，完成体检的阿宝，又被科研人员放归到天鹅洲故道中。望着阿宝消失的身影，科研人员心中满是不舍，担心以后很难再次见到它了。

四世同堂的阿宝

这次捕捞体检开始的几天比较顺利，基本上起水的都是雄豚和未妊娠的雌豚，但最后几天起水的几乎都是妊娠雌豚，并且可以明显地看出腹部很圆很大。体检时为了缩短时间，便简单地植入PIT芯片和称重就结束了。还有几次在起水的江豚中发现有刚出生的幼豚，捕捞现场的余秉芳打来电话告诉体检现场的王克雄，问如何处理。王克雄说，这种情况就撤网，暂停捕捞，以免幼豚因应激而死亡。

2021年4月，春风轻轻地吹拂着河边的意杨树，忙碌的科研人员正在船上收拾着体检工具。伴随着最后一头江豚完成体检放归故道，历时1周的天鹅洲故道种群普查也圆满告一段落。从普查的结果来看，生活在天鹅洲故道中的江豚约有100头（2015年普查时数量为60头）。

▲“明星江豚”——阿宝（高宝燕　摄）

与石首天鹅洲保护区的工作人员告别后，科研人员又匆忙返回武汉，开启下一阶段的工作——对采集的样本进行分析鉴定，利用分子生物技术对天鹅洲故道的江豚种群构建遗传谱系。这也是此次江豚种群普查的重要内容。

其实，早在 2015 年科研人员就已经对天鹅洲故道的江豚种群开展了亲子鉴定工作。2015 年秋季调查结果表明，天鹅洲故道迁地保护江豚种群已进入快速发展阶段，存在近亲繁殖风险，亟待开展科学评估并实施种群调整。为了科学指导江豚种群结构调整和遗传优化，科研人员对天鹅洲故道江豚种群开展了亲子鉴定并构建了遗传谱系。

科研人员根据最新的亲子鉴定结果，惊喜地发现：“阿宝又多了一个儿子，小家伙的年龄还不到 1 岁半！”

看到最新的鉴定结果，科研人员无比兴奋。按照长江江豚怀孕周期 12 个月推算，阿宝在 23 岁高龄的时候仍在参与天鹅洲故道江豚种群繁殖，暮年之际居然还能喜得新子，真可谓是宝刀不老、老当益壮。阿宝再次刷新了科研人员对于雄性江豚繁殖能力的认知。

阿宝已经四世同堂了！这个结果让大家欣喜无比！

研究结果显示，2004 年 10 月，阿宝离开天鹅洲故道之前就至少产生了 3 个子代；2011 年，科研人员将阿宝采用软释放技术重新放归天鹅洲故道后，4 年时间阿宝又至少产生了 2 个子代。这五个子代分别是 3 雄 2 雌。尤其令人兴奋的是，阿宝在离开天鹅洲故道之前繁育的 3 个子代至少给它生了 10 个孙子和 2 个曾孙，从而实现了儿孙满堂。阿宝现在已经是四世同堂的大家长了！在 2015 年 11 月的天鹅洲故道种群普查中总共有约 60 头江豚，其中就有 17 头是阿宝的后代。

这个结果让人瞠目、惊叹！

更为重要的是，这个结果彻底澄清了几年前大家对于阿宝在白鱀豚馆期间低迷表现的质疑和误解。然而，在天鹅洲故道儿孙满堂的阿宝，为什么没能在武汉白鱀豚馆留下一儿半女，至今依然是个谜。

阿宝的传奇

20 世纪 80 年代，针对我国长江淡水豚类种群数量快速下降的问题，为了挽救濒危的物种，陈佩薰等老一辈科研人员开创性地对我国长江豚类保护提出了三大保护策略，即就地保护、迁地保护和人工繁育相结合的保护措施。

伴随着硬件条件不断升级，经过几年的探索和经验积累，1996 年，长江江豚的人工饲养技术终于取得了突破。中国科学院水生生物研究所的科研人员在武汉白鱀豚馆成功组建了国内首个小型的长江江豚饲养群体，主要开展人工繁育、生理学、行为学、生物声学、动物医学等科学研究。此后几年里，白鱀豚馆里饲养的雌性和雄性江豚先后性成熟。虽然可以频繁观察到交配行为，但雌豚却一直没能成功怀孕，江豚人工繁育研究一度停滞不前。在此期间，科研人员分析各种可能的原因并积极寻求解决方案。

为了刺激雄豚之间的繁殖竞争，促进雌豚早日找到如意郎君并顺利完成婚配和生育，2004 年 10 月，科研人员们特意从湖北长江天鹅洲白鱀豚国家级自然保护区引进强力“外援”——野生雄性江豚阿宝加入白鱀豚馆人工繁育群体。阿宝时龄 7 岁，已然性成熟，作为英俊潇洒并且身体健壮的“上门女婿”，被大家寄予了厚望。就这样，阿宝从美丽的天鹅洲被科研人员引进到武汉白鱀豚馆，从野外半自然水域来到全人工环境下生活。

阿宝来到白鱀豚馆后不久，科研人员通过激素测定方法确认到江豚晶晶怀孕，这也是长江江豚在人工环境下第一次受孕成功。经过漫长的等待，2005 年 7 月 5 日，江豚淘淘出生，这是国内外人工饲养环境下自然交配并成功繁育的第一头长江江豚。当然事后的亲子鉴定证明，这并不是阿宝的孩子，而是另一头雄性江豚阿福的孩子。此时此刻，阿宝只是见证者、旁观者。

在白鱀豚馆，阿宝为了追求自己的爱情，不惜跟阿福“决斗”！或许是仗着自己在白鱀豚馆生活时间较久的缘故，阿福不允许有任何江豚来挑战自己的地位，阿福与阿宝大战三百回合，不知道胜利者是谁，但毫无疑问的是二者都挂彩了。这也让科研人员第一次见识到江豚为了追求自己的“心上人”，为了爱情，也会奋不顾身。

接下来的几年里，白鱀豚馆又有 3 头小江豚相继出生。但是，非常遗憾的是，当初被寄予厚望的强力“外援”阿宝却一直没能当上爸爸。

时间转眼间就到了 2011 年春季，阿宝已入住白鱀豚馆近 7 年。阿宝身体强壮、发育良好、社群行为等各方面均很正常，平常也颇受雌豚青睐，然而在生儿育女方面却一直没有实质性贡献。因此，科研人员开始担忧阿宝会在白鱀豚馆虚度青春好年华，同时也充满疑惑：“难道体格健壮的阿宝会有问题？”

恰巧，此时科研人员正在构思开展一项软释放技术研究，以检验在人工饲养环境中生活的江豚能否再次适应野外自然生存环境。阿宝因此成为该项目最合适的主角，科研人员决定想办法帮助阿宝恢复野性，重新放归天鹅洲故道家乡，与它的亲朋好友们团聚。科研人员对整个野化过程进行了精心设计，并逐步实施。自 2011 年 2 月开始，经过近 3 个月的野化训练，取得了非常好的效果。阿宝彻底改变了在白鱀豚馆里完全由训练员照顾的“饭来张口”的生活方式，学会了主动捕鱼，自力更生，并且身体日益强壮。6 月 1 日，科研人员给阿宝做了最后一次体检，确认它的体重、血液等各项生理指标完全正常后，在它背部皮下脂肪植入了 PIT 芯片（尾号 4448），并放归天鹅洲故道。就这样，“借调”武汉白鱀豚馆近 7 年的阿宝又回到了它熟悉的家乡。

近 7 年朝夕相处的感情啊！

从此，“4448”这个数字也成了科研人员心中的牵挂。

时间飞逝，转眼间到了 2015 年 11 月。受天鹅洲保护区管理处的委托，中国科学院水生生物研究所对天鹅洲故道里的江豚进行了全面的种群普查。普查中，通过扫描仪确认了芯片号码尾数为“4448”的江豚，找到了大家日夜思念的老友阿宝。与老友异乡重逢，大家都非常兴奋。阿宝依然胖胖憨憨的，整个体检过程非常温顺平静，似乎也识别出了这些熟悉的面孔和声音。是年，阿宝应该 19 岁了，体长 153 厘米，体重 46.8 千克。

斗转星移，日月如梭。2021 年春季，天鹅洲保护区管理处再次组织实施天鹅洲故道长江江豚种群普查工作。然而，更让人惊喜的是，在此次普查过程中，白鱀豚馆的科研人员时隔 6 年再次见到了江豚阿宝——这位在 2015 年秋季普查时已被证实为儿孙绕膝、四世同堂的“大家长”。

阿宝的故事告诉我们：人工饲养的长江江豚通过科学的逆向适应驯化，完全可以再次适应自然环境。这为科研人员进一步开展长江江豚的保种计划提供了有力的技术支撑。

阿宝的传奇，成为科学保护江豚的典范。

2021 年的这次普查，还有一个重要的任务，就是选择两头雄性江豚运出天鹅洲故道，将它们迁入湖北长江新螺段白鱀豚国家级自然保护区的老湾故道，开始迁地江豚的试验性野化训练和放归工作，有计划地将迁地保护区中出生的江豚重新引入长江，以促进长江江豚自然种群的快速恢复和发展。由此，科研人员又将进行新的布局，将江豚野化放归它们真正的家园——长江。

目前，江豚阿宝还生活在天鹅洲故道中。虽然它已步入暮年，极有可能会在天鹅洲故道终老。然而，在科研人员的帮助下，它的子孙后代即将回归长江原始栖息地，替它实现夙愿！

长江江豚种群数量止跌回升

阿宝，是中国长江江豚保护的一个“样本”；与之相伴相随的，则是

▲1249 纪念海报（彭博炜　制作）

长江江豚人工繁育和迁地保护工作的不断尝试和巨大进步。

2023 年 2 月 28 日，农业农村部公布 2022 年长江江豚科学考察结果：长江江豚自然种群数量为 1249 头，较 2017 年的 1012 头的数量增加 23.42%，首次实现历史性转折，止跌回升。

2023 年 4 月 25 日，4 头迁地保护长江江豚在湖北荆州回到了长江的怀抱。这是中国迁地保护的长江江豚首次放归长江干流之中，也是人类首次实现迁地保护濒危水生哺乳动物的野化放归。

至此，中国科学院水生生物研究所鲸类保护生物学学科组几代科研人员经过近半个世纪的辛勤付出，终于取得了初步的可喜收获，初步实现了“豚欢鱼跃”的美好愿景，为国际鲸类保护打造了“中国样本”，为全球生物多样性保护贡献了“中国智慧”，同时也铸就了生态文明思想在长江的生动实践。

上篇 人工繁育

故事得从保护白鳖豚讲起

石首天鹅洲：江豚的“桃花源”

江豚成了“白公馆”的新主人

“上门女婿”阿宝

第一次看到江豚生孩子、带孩子

江豚野化放归试验，是从阿宝开始的

重逢阿宝和永别阿福

3 头幼豚带来的喜与悲

成功繁育第二代江豚

第一章 故事得从保护白鳖豚讲起

为什么科研人员对阿宝那么念念不忘？长江天鹅洲故道又是一个什么样的世外桃源，为什么会有那么多的长江江豚？要回答这些问题，我们还得回到保护长江江豚故事的源头，从保护我国长江中另一种珍稀水生生物——白鳖豚开始讲起……

国家的需要就是最大的需要

长江，发源于“世界屋脊”——青藏高原的唐古拉山脉格拉丹冬峰西南侧，是中国第一大河流，全长 6300 余千米。长江干流自西向东横跨中国大地，流经青海、四川、西藏、云南、重庆、湖北、湖南、江西、安徽、江苏、上海等省、自治区和直辖市，在上海崇明岛注入东海。这条古老的河流，奔腾万里，孕育了万千生命，也滋养了许多珍稀水生动植物，例如白鳖豚、长江江豚等。

世界上一共有 90 多种鲸类动物，大多分布于海洋，少数分布于亚洲、南美洲的淡水江河之中。长江，则是同时生活着白鱀豚、长江江豚这两种鲸类的淡水河流。白鱀豚是我国独有的珍贵动物，也叫作白鳍豚。

翻开史书，关于白鱀豚的记载，最早可以追溯到秦汉时期的辞书《尔雅》，记载着“鱀，是鱁”。在那个时候名字就叫作“鱀”，这也成了白鱀豚文化史的源头。古老的人类曾经错误地把白鱀豚归为鱼类。晋代郭璞在其著作《尔雅注》中对“鱀”的形态及习性做了详细的记述：“鱀，鳍属也，体似鱏，尾如鯯鱼。大腹喙小，锐而长，齿罗生，上下相衔，鼻在额上，能作声，少肉多膏，胎生，健啖细鱼，大者长丈余。江中多有之。”这也是第一次将“鱀”和鱼类区分开，并做了详细的描述。郭璞所作《江赋》有“鱼则江豚海狶，叔鲔王鳣，鲭鰊鰷鲉，鲮鳐鲶鲢”句，这也是“江豚”一词最早出现的文献证据，距今已1700多年了。

翻阅古人关于白鱀豚的记载，宋代张耒《赠翟公巽》有“翠鼋坡陁负日色，白鱀掀舞占风祥”诗句，宋代陈造《江行四首》其二有“江豚白鱁欺人甚，喷浪跳波帆影间”诗句，其中“鱁”是“鱀”的异体字。蒲松龄《聊斋志异》中有篇《白秋练》，描写生活于长江、洞庭湖中的白鱀豚幻化成少女白秋练与书生慕蟾宫的爱情故事。以上等等，对白鱀豚都有详细的描述。

虽然，早在2000多年前，古代学者就对白鱀豚有了发现和记载，但直到近代我国对白鱀豚仍没有完整系统的研究。20世纪70年代以前，我国对于白鱀豚的研究几乎仍处于空白状态。与之形成鲜明对比的是，众多国际鲸类学者都想要来中国研究白鱀豚。因此，我国自主开展白鱀豚研究迫在眉睫。

为了揭开白鱀豚的奥秘，1978年，中国科学院决定由在武汉的中国科学院水生生物研究所组建一个白鱀豚研究组，对生活在长江中的白鱀豚组织开展系统的科学研究。然而，当时中国科学院水生生物研究所很少研究水生哺乳动物，缺乏这方面的经验，但面对国家下达的任务，不能推辞，只能迎难而上。时年 51 岁的陈佩薰被领导“点将”，成为白鱀豚研究组组长，牵头承担这项任务。

陈佩薰在鱼类学领域深耕奋斗了 20 多年，领导“点将”要求转型到陌生的鲸类学研究领域，对她来说是一个巨大的挑战。但国家的需要就是最大的需要，陈佩薰毅然放弃了自己驾轻就熟的鱼类生态学研究，“半路出家”，转身投入鲸类学研究。

“作为一名科学工作者，固有的探索和求新精神使我看到了研究白鱀豚

▲ 1986 年 3 月，陈佩薰（左二）在“水生 1 号”科考船上召集会议讨论人工捕获白鱀豚方案（中国科学院水生生物研究所　供图）

的巨大挑战性，并认识到白鳘豚是仅仅生活于中国长江中下游干流的珍稀淡水鲸类，具有极重要的科研价值。能够承担白鳘豚的生物学和物种保护研究工作，是非常光荣和有意义的。”陈佩薰在自己的自传中如是写道。

这段文字，同时也见证了我国科研人员为国家科研事业献身的精神。

光有“将”可不行，还得“招兵”。陈佩薰在中国科学院水生生物研究所挑选了刘仁俊、刘沛霖、林克杰作为合作伙伴，正式组成白鳘豚研究组。由此，4 人面向陌生的领域及陌生的研究对象，迈出了艰难的第一步。

考虑到白鳘豚研究涉及的学科范围较广，中国科学院组织了一个由中国科学院水生生物研究所、声学所、生物物理所及南京师范学院（现为南京师范大学）四家单位组成的白鳘豚研究协作组，根据各单位的专长分工协作。中国科学院水生生物研究所主要负责白鳘豚生态学研究和部分形态学研究。

对于没有鲸类学理论基础知识，也没有实际经验的陈佩薰等人来说，实践，是他们唯一的方法。为了尽快系统地开展对白鳘豚的研究，陈佩薰带领组员们，边学边干边提高——后来这也成了研究组的“三边”精神，被陆续加入研究队伍的科研人员一直继承和发扬。

白鳘豚淇淇

研究白鳘豚，没有白鳘豚怎么行？

要想在千里奔腾的浩荡长江里寻找白鳘豚，难度可想而知。向最有实践经验的渔民和当地水产部门的工作人员学习，成了他们唯一的出路。深入渔船，跟渔民交谈，向他们了解白鳘豚经常出没的地方和生活习性。几个月下来，研究组不仅大致了解了长江豚类的信息，也为下一步在长江中的研究工作打下了群众基础。但尴尬的是，他们仍然没有一头活的白鳖豚可以作为研究对象。

1980 年，好运气终于来了。

“你们要不要白鳖豚？活的白鳖豚！”1980 年 1 月 11 日晚 8 点，一通长途电话从湖南省城陵矶水产收购站打到白鳖豚研究组。

“要！我们连夜就去运！”远在武汉的科研人员激动地回复道。

刚组建不久的白鳖豚研究组，做梦都想要一头白鳖豚，更别说是活的白鳖豚。机会难得，陈佩薰立即安排刘仁俊、刘沛霖、林克杰带上担架和一些兽用药品，连夜驱车前往湖南。

时值严冬，天空中雨雪交加，本就不是很畅通的道路，变得更加泥泞难走。3 人坐着一辆破旧的吉普车，风雨兼程，往返近 30 小时才将这头活的小白鳖豚安全运回武汉。由于当时没有专门饲养白鳖豚的水池，科研人员只能将它暂时饲养在鱼池中。

这头小白鳖豚体长 1.47 米，体重 36.5 千克。比较不幸的是，它被渔民捕获时，背部受到了一些外伤，留有两个直径 4 厘米、深 8 厘米的伤口。为了确保白鳖豚的安全，科研人员轮流值班，日夜守护在鱼池边上，观察这头小白鳖豚的呼吸和行为是否正常，有没有吃到鱼。

人们往往喜欢给自己饲养的动物取个名字。为了给这头白鳖豚取名，陈佩薰邀请自己的老师——国际著名鱼类学家、时任中国科学院水生生物研究所所长的伍献文教授来取名。老先生非常慎重地和胡鸿钧副所长商定后，给这头白鳖豚取名为“淇淇”。陈佩薰在自己的回忆录中这样解释这个名字的含义：“一则因白鳖豚生活在水中，二则取‘鳖’和‘奇’的谐音，‘鳖’是古代对它的称谓，‘奇’表示珍奇。”从此，“淇淇”这个名字享誉全球，成了白鳖豚中的大明星。

淇淇刚来到中国科学院水生生物研究所时，只能屈居在鱼池里。由于池内水质较差，淇淇背部的伤口没多久就感染了。望着体色变暗、身体不能保持平衡，甚至呼吸都变得越来越弱的淇淇，科研人员心乱如麻。后来，科研人员历时半年摸索才将淇淇治好。

半年之后，武汉进入夏季，池子里的水温已达到 32℃，而淇淇生活的长江水温一般为 10 ~ 25℃。这时淇淇游动无力，食欲不佳。如何降温？工作人员每天去采购一卡车的大冰块倒入池子。不到半小时，冰块就全部融化，可水温只降了 0.5℃，不到 1 小时，水温又恢复原状。怎么办？使用大口径的自来水管往池子里放水，又将藿香正气丸放入饵料鱼的肚子里投喂

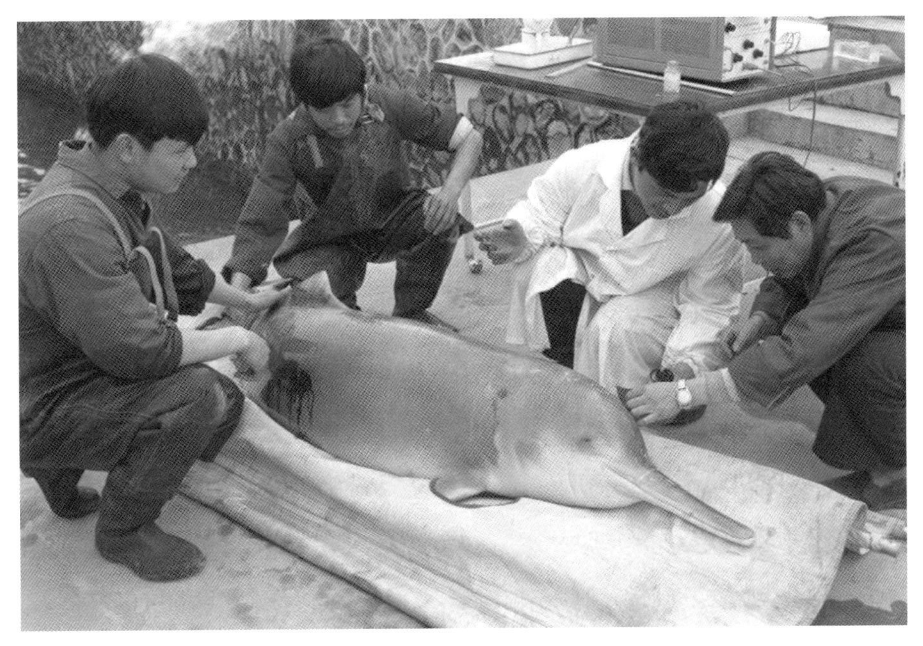

▲科研人员正在为白鳖豚淇淇做检查（中国科学院水生生物研究所　供图）

淇淇，总算平安度过盛夏。

同时，中国科学院水生生物研究所加快了白鳖豚饲养池的施工。1980年11月20日，淇淇搬进了位于武昌南望山下的新家。这里有一个圆形饲养池，直径15米，深4米；还有一个长方形饲养池，长20米，宽15米，深4米。两个池子有通道相连。由于没有滤水系统，便采取每周更换一次池水、每月彻底清洗一次池子的办法。淇淇在这个半露天的饲养池里生活至1992年，才搬至全新的白鱀豚馆。

雄性白鱀豚一般4～5岁就性成熟了。淇淇刚来中国科学院水生生物研究所时约2岁，在1982—1983年就已经性成熟了。每年春季发情季节，淇淇就躁动不安，不好好进食，颈部、腹部和生殖裂部位发红，甚至有时会向池壁乱撞。

是啊！要为淇淇找媳妇啦！

长江那么大，白鱀豚那么少！合适的雌性白鱀豚到哪里去找？

淇淇是渔民误捕的。主动去捕捉白鱀豚，怎么捕捉？

从1983年起，科研人员华元渝就带领一个小组，常年工作在长江上。为了提高观察白鱀豚的效率，培养观察和捕捉白鱀豚的骨干，他们还请了一些有经验的老渔民一起工作，取得了很好的效果。他们摸清了白鱀豚的分布、数量、活动规律和长江环境，不断改进布网和收网的方式，探索出了一套捕捉白鱀豚的“声驱网捕法”。

为了验证“声驱网捕法”，1984年11月，华元渝带领研究小组，用7条机动渔船，在洞庭湖君山沟水域一次捕获24头江豚。1985年1月，又在长江新滩口再次试捕江豚成功。

1986年3月31日早上7点，捕豚现场总指挥华元渝率领驱赶队向下

▲华元渝（左三）给渔民队伍讲解捕豚步骤（中国科学院水生生物研究所　供图）

游进发，放网队则进入预定的放网区，陈佩薰、刘仁俊等人乘坐总指挥船向捕豚现场进发。8 时 30 分，陈佩薰等人发现 5 头白鱀豚，便立即用对讲机通知华元渝，驱赶队很快赶回，并紧紧跟随着白鱀豚。这五头白鱀豚分成两群，前一群的两头，个体较大，不适宜人工饲养，遂决定围捕后一群的 3 头白鱀豚。驱赶队将白鱀豚赶回到预定区域，放网队仅用 3 分钟就合拢了包围圈，围住了两头白鱀豚。这时总指挥船上的人员赶紧上岸，和附近群众一起拉网缩小包围圈，王丁、张国成和几个渔民跳入江水中，把白鱀豚安全捕上船。这次捕豚还得到了部队的大力支援，部队派出直升机飞临捕豚现场，两头白鱀豚“乘坐”直升机来到武汉市东湖边的中国科学院

▲王丁等人跳入江中合力将白鳘豚抬上渔船（中国科学院水生生物研究所　供图）

水生生物研究所白鳘豚研究基地。

这次在湖北监利县观音洲江段捕获的两头白鳘豚，1 头成年雄性白鳘豚，体长 207 厘米，体重 110.75 千克，取名为“联联”；1 头幼年雌性白鳘豚，体长 150 厘米，体重 59.5 千克，取名为“珍珍”。

长江里的白鳘豚，一般都是以家庭群居的方式活动。常见身体强壮的白鳘豚在前面开路，大的白鳘豚带着幼豚紧随其后，较年轻的白鳘豚压阵，互相照顾，且常常同时出水呼吸。

联联、珍珍来到中国科学院水生生物研究所后，在饲养池里，联联总是游在珍珍的外侧，呵护着珍珍。但情况很快就相反过来，联联在从长江被捕起来时就被发现身体很虚弱，且身体一侧鼓有一个大包，尽管科研人

▲直升机运输白鱀豚（中国科学院水生生物研究所　供图）

员尽力救治，然而两个多月来一直未能恢复。此时的联联已经不能控制自己的平衡，有时甚至撞到池壁上，嘴巴被撞得鲜血直流。这时候，珍珍则始终挡在联联的外侧，尽量不让联联撞到池壁。当联联无力出水呼吸时，珍珍会钻到联联身下，把它托出水面以便呼吸。遗憾的是，联联在饲养池里生活了 76 天后不幸离世。

这时的珍珍，便显得十分孤单。不过，她旁边的池子里，还有淇淇。

科研人员先是把珍珍放在与淇淇相邻的一个饲养池中，两个池子有通道相连。科研人员同时在两个池子分别给珍珍、淇淇喂食，并逐步缩短投喂点的距离。白鱀豚有发达的发射和接收声音的系统，它们分别在两个池

▲白鱀豚淇淇和珍珍（中国科学院水生生物研究所　供图）

子里抓鱼吃的时候，会发射和接收到特殊的声音。这样，淇淇和珍珍就发现了彼此的存在，进而互相对着通道摇头晃脑地探测。

1986 年 8 月 8 日深夜，珍珍主动通过通道，游进淇淇所在的饲养池。8 月 15 日下午，雷声大作，暴风雨来临，两头白鱀豚非常惊慌，互相靠拢，淇淇在前，珍珍紧跟在后。此后，它们的关系越来越融洽。每次喂鱼时，淇淇总是在一边让珍珍先吃，等珍珍吃饱后它再进食，好一派“绅士风度”。

珍珍的到来，给白鱀豚的人工繁育研究带来了希望。白鱀豚性成熟年龄，雄性为 4 ~ 5 岁，雌性为 6 岁。珍珍来时约 2 岁，淇淇还得等待 4 年，才有可能与珍珍繁衍后代。

谁知祸不单行。1988 年 9 月下旬，珍珍出现拒食的现象，经打针喂药，仍不见好转，9 月 27 日，珍珍离开爱它的淇淇而去。经解剖及做病理检查，发现珍珍患有间质性肺炎、腹膜淋巴肿大等病，胃里还有铁锈块近 700 克，这些铁锈块是饲养池遮阳棚受损掉落进池里而被误食的。

珍珍的意外死亡，就是因为没有一个好的饲养环境，这也给白鱀豚的保护投下了巨大的阴影。

“白公馆”和“桃花源”

白鱀豚没有好的饲养环境，是科研人员长期以来一直担忧的问题。

1986 年，时任国务院副总理的方毅同志来中国科学院水生生物研究所视察白鱀豚保护工作，明确指示要改善淇淇的饲养条件，并为白鱀豚保护工作募集资金 200 万元。为响应方毅同志的号召，中国科学院也很快批准了建设白鱀豚馆项目任务书，并特批缺口资金 380 万元。随着人工饲养白鱀豚影响的不断扩大，科研人员还与国外许多国家开展了广泛的交流与合作。借合作之机，日本江之岛水族馆崛由纪子馆长为白鱀豚馆提供了价值约 2000 万日元的水下观察玻璃窗、豚池专用油漆等，并协助争取从日本外务省国际协力事业团获得价值 1.1 亿日元的白鱀豚馆所必需的滤水和冷却设备。就这样，先后历时 6 年，科研人员建设白鱀豚馆的梦想也照进了现实。

1992 年 11 月 12 日，隆重举行了白鱀豚馆开馆仪式。方毅同志专门为豚馆题写“白鱀豚馆”四个大字，至今依旧矗立在大门口。

▲首届“淡水豚类生物学和物种保护国际讨论会”在武汉召开
（中国科学院水生生物研究所　供图）

淇淇终于住进了现代化的白鱀豚馆中，大家也习惯性地称白鱀豚馆为“白公馆”。

与此同时，科研人员同样也牵挂着长江中的那些白鱀豚。不是所有的白鱀豚都像淇淇那样幸运，能够住进“白公馆”。为了保护更多的白鱀豚，科研人员还要为它们寻找适宜生存的更大的“桃花源”。而随着长江的开发利用，白鱀豚赖以生存的环境遭到破坏，为数不多的种群数量也在快速下降，白鱀豚正在面临灭顶之灾，必须立即开展保种行动……

由于中国科研人员对白鱀豚人工饲养的成功，在国际鲸类保护和研究领域得到了广泛的关注。1986 年 10 月，由世界自然保护联盟（IUCN）濒危物种委员会鲸类专家组发起，中国科学院水生生物研究所组织的世界首届“淡水豚类生物学和物种保护国际讨论会”在武汉召开。这是中国科学院水生生物研究所首次举办的国际学术会议，参加会议的有来自 8 个国家的 48 位专家。在这次学术会议之后，IUCN 将白鱀豚的保护级别定为“濒危”。

在会上，陈佩薰等科研人员提出白鱀豚的保护要采取就地保护、迁地保护和人工繁育相结合的保护措施。这是世界上首次提出要对一种鲸类动物实施迁地保护。作为中国独有的鲸类物种，生活在长江中的白鱀豚数量实在是太少了，会上国外专家对白鱀豚的保护进行了着重讨论，也提出了许多宝贵意见，对陈佩薰等科研人员提出的三大保护措施也表示同意。

20 世纪八九十年代，我国正处于改革开放的浪潮中，长江流域是中国经济最活跃的区域。当时长江干流的环境条件不但不适合白鱀豚栖息，而且预期会越来越差，恐怕最后的一批白鱀豚都无法在长江中长期生活下去。事实也证明，至 20 世纪 90 年代初，白鱀豚种群数量持续快速下降至约 100 头。

为了拯救最后一批白鱀豚，我国陈佩薰等科研人员创新性地提出了对白鱀豚实施迁地保护，也就是将一部分白鱀豚从长江干流中迁移到相对较小、人类活动较易受控制同时又具有白鱀豚栖息条件的水域中，让它们进行自然或人工繁育，以达到保护的目的。

但是，偌大的长江流域，白鱀豚要往哪里迁呢？换句话说，白鱀豚的“桃花源”在哪里呢？

根据记载，白鱀豚主要生活在长江中下游及与其连通的洞庭湖、鄱阳湖等水域中。20 世纪八九十年代，受人类活动的影响，长江中下游干流江段从宜昌到上海，到处都是码头，航运和渔业活动十分繁忙，在干流中迁来迁去根本解决不了白鱀豚的生存问题，哪里都是风险和危险。既然干流不行，沿江的一些湖泊行不行呢？也不行。湖泊的渔业活动甚至比长江干流的情况还要复杂，并且湖泊水深通常不足3米，白鱀豚在湖里也无法生活。

为了在长江中下游给白鱀豚寻找一个避难的“桃花源”，从1984年起，陈佩薰等科研人员就已经考虑并着手进行调查，并将重点放在长江中游江段。当调查到湖北石首江段时，看到有着“九曲回肠”之称的荆江江段，有的河道经过长期冲刷或人工裁弯取直，形成了几段故道；有的还形成了与长江脱离的湖泊，即牛轭湖。这些故道所具备的半自然水域条件，让科研人员看到了希望，决定将一批白鱀豚迁到长江故道中。但是，那个时候的故道，渔业活动甚至比干流更频繁，可以说“无水不渔”，每个故道都是渔场。将白鱀豚迁到渔场去,这无异于自欺欺人,达不到保护白鱀豚的目的。在这种情形下，陈佩薰等科研人员提出，白鱀豚自然保护区不能只是在长江干流，还应该将长江故道包括进去，这样才能让长江故道的渔业活动退出。因为要将石首江段近100千米的长江干流保护区中的渔业活动退出，那几乎是不可能完成的任务，但是故道相对较短，将其中的渔业活动退出，可能相对容易些。

陈佩薰等科研人员经过反复实地考察，最后确认石首天鹅洲故道最为合适。一是天鹅洲故道是长江1972年自然裁弯而成，全长约21千米，水面宽800～1200米，水面面积约20平方千米，下口有一小的串沟可与长江相通，洪水季节来临时可以与长江进行水交换，从而保证故道水质清洁。二是长江产卵的鱼类幼鱼可以进入故道，充实豚类的饵料来源。三是故道周围主要是农田，几乎没有工厂，工业污染压力相对不大。

就这样，天鹅洲故道被科研人员选中作为白鱀豚避难的“桃花源”，并将它与湖北省石首市的长江干流江段一起划为白鱀豚自然保护区。

江豚成为第一个“桃花源中人”

天鹅洲故道和石首江段干流一并被划为白鳘豚自然保护区之后，接下来就是要将白鳘豚迁入天鹅洲故道，开展白鳘豚的迁地保护工作。

但是首先必须解决的问题是，这条 21 千米长的故道是否适合白鳘豚在其中生存？

陈佩薰当即安排人员对天鹅洲故道的水文、水质和鱼类资源等进行调查，看看这个水域的条件与长江干流相比，是不是更适合白鳘豚生活。经过将近 1 年的调查后认为，这片水域除了水几乎不流动外，其他的条件优于长江干流，包括拥有充足的鱼类资源，白鳘豚迁入后可以正常生活。

但是，要真正保证白鳘豚迁入后能正常生活，光凭这些环境和鱼类的数据肯定是不够的。白鳘豚是活生生的动物，并且是珍稀动物，它能不能在天鹅洲故道正常生存，绝对不是像一加一等于二那样，光靠数据就能得出结论的。这个时候，科研人员很自然地就想到了长江江豚，为什么不能让同在长江中生活的长江江豚作为白鳘豚的“先锋官”、成为第一个“桃花源中人”呢？

实事求是地说，在 20 世纪 90 年代，长江江豚可不像现在这样“受宠”。别的不讲，它们和白鳘豚的地位就完全不同。也许是物以稀为贵，那时白鳘豚少之又少，而长江江豚就像长江边的杨柳树一样，在江边走几步就能看到几头。白鳘豚的数量可就太少了，就像一块易碎的玉石一样，不可能拿出来做演示，让它去承受可能的风险，在不能百分之百保证安全的情形下，是决不能将白鳘豚作为试验品进行试验的。在这种情形下，与白鳘豚共享同一个家园，且同为哺乳动物的长江江豚，就成了白鳘豚的“先锋官”。

▲科研人员在江面上搜寻白鱀豚（中国科学院水生生物研究所　供图）

那时江豚数量多，在长江里比较容易捕捞，并且和白鱀豚的习性相近，尽管江豚的个体没有白鱀豚大，但在长江里也只有江豚才能担此大任了。

说干就干。1990 年，中国科学院水生生物研究所的科研人员组织渔民在长江干流中先后分两批次捕获 5 头江豚，并将它们放在天鹅洲故道的一处用网临时围成的“围栏”里暂养了起来。暂养几天之后，便将它们放入天鹅洲故道。

为了验证天鹅洲故道是否适合江豚生存，科研人员开启了长期的追踪监测，利用渔船在水上跟踪和岸边定点观察，不断搜寻监测着这些江豚的踪影。结果发现，这群江豚在天鹅洲故道中不但能生存，而且还能正常完成分娩、抚幼等过程。

故道中江豚的成功试养为白鱀豚迁入天鹅洲故道计划奠定了基础，也积累了一套可借鉴的经验。后续的任务就是到长江干流找白鱀豚、捕白鱀豚，将白鱀豚迁入天鹅洲故道……

根据天鹅洲故道江豚成功试养的结果，中国科学院水生生物研究所将在湖北天鹅洲建立国家级白鱀豚自然保护区的规划上报国家，得到了国家科委、农业部以及国家环境保护局的重视与肯定，并拨款实施筹建。1992年10月27日，经国务院文件批复，长江天鹅洲白鱀豚自然保护区升级为国家级自然保护区。

保护区的建立，也让白鱀豚迁地保护行动变得迫在眉睫。于是，农业部决定将白鱀豚迁入天鹅洲故道，让其自然增殖到一定数量后，再挑选部分个体有计划、有步骤地放回到长江中去，达到增殖和恢复白鱀豚自然种群数量的目的。为了实现这一“迁地保护”计划，首先必须从长江中活捕白鱀豚，然后再放入天鹅洲故道水域中。

1993年2月至1995年6月，在农业部、国务院三峡办公室、中国科学院、湖北省水产局和中国科学院水生生物研究所牵头组织下，进行了5次白鱀豚考察和捕豚工作。浩浩荡荡的捕豚队伍，白天顶着烈日，夜晚挤在狭小的船舱中，从中游到下游，又从下游到中游，往返航程6100余千米，5次考察共发现白鱀豚6次共16头，其中石首江段2次共8头。但是由于受季节、天气、地形和捕豚船只等因素的影响，未能捕到白鱀豚。

直到1995年12月19日，在湖北省水产局、天鹅洲白鱀豚保护区管理处、中国科学院水生生物研究所的科研人员和石首渔民的密切配合下，一头长2.29米、重150千克的雌性白鱀豚在长江石首江段北门口被成功捕获。随后，这头白鱀豚被安全送到天鹅洲故道中，这也标志着白鱀豚“迁地保护”计划正式启动。

哪知天有不测风云，1996 年 6 月长江暴发洪水，在天鹅洲故道中的白鱀豚误入防逃网中不幸死亡。这头在故道中生活了 187 天的白鱀豚，甚至都还未被正式取名，就已香消玉殒，这也让白鱀豚迁地保护研究遭遇重大挫折。此后，白鱀豚自然种群数量逐渐下降，实施迁地保护的机会也逐渐丧失了。

天鹅洲故道，这处白鱀豚保护的“桃花源”，从此再无白鱀豚的身影。

但是，天鹅洲故道的功能没有改变，依旧是迁地保护区。此前的长江江豚却从“先锋官”升级为“定居者”，正式成为第一个“桃花源中人”，并且种群数量持续增长……

淇淇老去，白鱀豚宣布功能性灭绝

2002 年 7 月 14 日，世界上唯一人工饲养的白鱀豚淇淇在中国科学院水生生物研究所辞世，属于高寿自然死亡。

淇淇在人工饲养下存活近 23 年，是世界上存活时间最长的 4 头淡水鲸之一。23 年来，科研人员通过对淇淇的饲养，在白鱀豚的饲养学、行为学、血液学、生物声学、繁殖生物学、疾病诊断与防治等方面进行了深入研究，取得了丰富的资料，积累了独到的经验，产出了一批科研成果，使得我国的淡水鲸类研究在世界上独树一帜。

1988 年，国家颁布《中华人民共和国野生动物保护法》（1989 年 3 月 1 日起施行），所附野生动物保护名录分一级和二级，白鱀豚名列最高保护等级——一级。1997 年，农业部设立中国水生野生动物保护标志徽，其主体

▲陈佩薰等科研人员在向淇淇告别（中国科学院水生生物研究所　供图）

图案是一头白鱀豚。2000 年 10 月，新修改并施行的《中华人民共和国渔业法》首次将保护白鱀豚写进条款，标志着我国对白鱀豚保护的力度进一步得到加强。而白鱀豚也成为名列我国法律条文的第一种珍稀野生动物。

1996 年 12 月 25 日，我国第一个以水生动物为保护对象的基金会——武汉白鱀豚保护基金会正式成立。1997 年 3 月，中国科学院水生生物研究所科研人员撰写的《白鱀豚生物学及饲养与保护》由科学出版社出版。这也是国际上第一本专门论述一种鲸类保护的研究专著。中国科学院水生生物研究所科研人员还撰写出《长江女神——白鱀豚》《远逝的长江女神——搜寻最后的白鱀豚》等科普著作。

2006年，王丁带领7个国家的鲸类保护专家在长江上进行了为期38天的考察，却始终没有发现白鱀豚的身影。考察结束后，大家发现还有一位来自德国的女科研人员不肯下船，王丁劝她下来时，她说：“王教授，我不能离开这艘船，这一脚迈出去，就意味着白鱀豚是真的见不到了。”

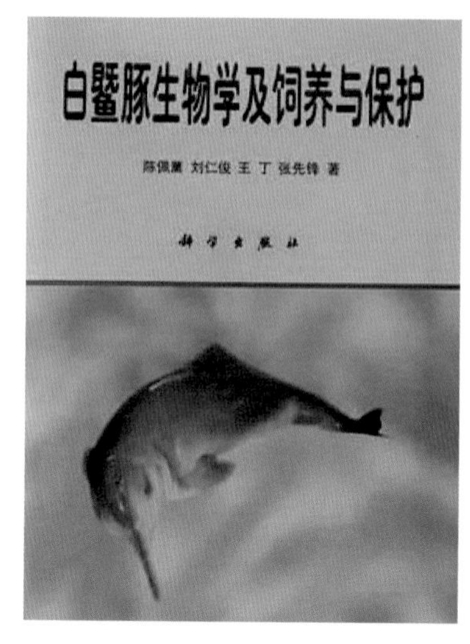

▲《白鱀豚生物学及饲养与保护》图书封面

2007年8月，在地球上生活了2500万年的白鱀豚被正式宣布功能性灭绝。

如今的白鱀豚馆，早已没有了白鱀豚的身影，有的只是淇淇曾经生活过的痕迹，以及留给无数人的回忆。人们永远不会忘记淇淇，2021年1月13日，武汉白鱀豚保护基金会还在淇淇曾经生活过的水池附近，为它竖立了一座“淇石”，时刻提醒着人们，这世界它曾经来过。

第二章

石首天鹅洲：江豚的“桃花源”

随着白鱀豚遗憾地被宣布功能性灭绝后，天鹅洲故道再也没有迎来它的专属“定居者”。而科研人员为白鱀豚打造的“桃花源”，也逐渐演变成了江豚的定居地……

天鹅洲保护区的难处

天鹅洲故道位于湖北省石首市横沟市镇的三户街，这个“街”不是我们通常理解的城市街道，而是一处典型的乡村。三户街在长江大堤的外侧，沿着大堤建房子的有几十户人家。之所以叫“三户”街，估计是早期村民从船上定居到岸上时，这里只有 3 户人家，后来才慢慢有更多的渔民在这里定居。

天鹅洲故道与三户街隔着一道大堤，站在大堤上向南望，脚下是一片田地，或是种着油菜，或是种着小麦，在这片田园风景的南边，又是一道高高的大堤，这道大堤之外才是天鹅洲故道。

故道的中央就是天鹅洲，上面也有很多农田和村落、房舍和树木。有几条大路从村落集中的区域笔直地通向故道的水边，那是村民进出天鹅洲的干道。天鹅洲故道上没有桥梁，村民进出天鹅洲的通道是水路，有一条渡船常年为村民摆渡。

两道大堤之间的一片空地上，赫然矗立着一座建筑，这就是天鹅洲江豚保护站。保护站有一栋三层楼房和几栋平房，一个人工修建的水池在三层楼房的北边，水池里灌满了水，是一处景观水池，三层楼房的南边是一个小花园，再往南，是一个小水塘，水塘外就是天鹅洲的大堤了，保护站的取水泵站就设在大堤外的天鹅洲故道岸边。抽水的小房子里面有一台抽水机，从故道抽水到架设在三层楼房顶部的大水箱中，整个保护站的供水都来自这个大水箱。那栋三层楼房是管理站办公室、宿舍、会议室和标本室，平房是职工食堂。这些房子外面有一道围墙，围墙将保护站与周围的农田分隔开，围墙里面还有菜地和猪舍、鸡舍。这里虽然叫保护区管理站，但看起来却仍然是一派自然之景、农家之风。

保护站与天鹅洲故道中间隔着故道大堤，它们像一对兄弟般背靠着背。保护站像天鹅洲故道的哨兵，背靠着南边的 20 千米长的故道，时刻关注着北边的动向，时刻守卫着故道，一旦有外来人员从北边向南边靠近故道，保护站的人员就会问清来由；而故道又像保护站的后方供给基地，除了为保护站提供源源不断的水源外，还为保护站提供蔬菜、猪肉和鸡蛋等。

天鹅洲故道原本是长江干流，1972 年由于自然裁弯，天鹅洲故道的上下口贯通，将天鹅洲这个大弯甩了出来，形成了现在的天鹅洲故道。正所谓“三十年河东，三十年河西”，天鹅洲故道就在长江水涨水落和泥沙行停的“大变局”中逐渐成了一个半通江的故道。故道的上口逐渐淤积成为湿

▲天鹅洲水域鸟瞰图（湖北长江天鹅洲白鱀豚国家级自然保护区　供图）

地滩涂，与长江“别离”，而故道下口仅通过一条“羊肠”水道与长江相通，并且只在春夏季节长江高水位时相通，在秋冬季节长江低水位时断开。

在成为迁地自然保护区之前，天鹅洲故道还是一个大渔场，是周围渔业村的渔民常年捕鱼的水域。渔民祖祖辈辈生活在渔船上，在长江上过着渔家生活，只有少数的渔民在岸上有房子，大部分渔民在岸上没有房子，更不用说在岸上有田有地了。

除了这个独特的地名外，目睹天鹅洲故道“蜕变化蝶”整个过程的，是中国科学院水生生物研究所陈佩薰等科研人员和保护区成立之初的那批老职工。他们见证了天鹅洲故道的水域、渔业、湿地、社区这些复杂元素之间的交织、分合，甚至争吵等的全部过程，虽然算不上惊心动魄，但是各方利益在这小小故道上的博弈所掀起的汹涌波涛，也可算是 20 世纪 90 年代所独有的社会大观。

朱新培是天鹅洲保护区的第一批职工。他原本是三户街村的支部书记，保护区在 20 世纪 90 年代初成立时，他就随着土地征用政策而进入了保护区编制岗位，并且担任保护站站长。虽然叫“站长”，但是手下却没有可调用的人，因为保护区的大部分职工都住在江南的石首县城，并不是全部人员都在江北的保护站上班。朱新培的主要工作就是维持保护站日常运行，让保护站有些烟火气。王克雄等中国科学院水生生物研究所的科研人员每次到保护区工作时，可能不一定见得到保护区其他领导和职工，但肯定可以见到朱新培。在王克雄的印象中，朱新培一直在保护站的围墙内外附近转悠，很少离开保护站。

保护站也招聘新职工，尤其是年轻人。王克雄记得有一次在保护站工作时，看到一位年轻人，是之前在保护站没见过的。年轻人说自己是新来的职工，从某农业大学毕业。晚上，王克雄在洗澡间看到他站在一个红色塑料桶里洗澡。王克雄问：“这里条件比学校差吧？”他说：“是啊，连一个像样的洗澡的地方都没有。”过了几个月后，王克雄再到保护区工作时就没再看到那位年轻人了。保护区的职工说，他离开了，到别的单位去上班了。王克雄很惋惜地说：“好可惜啊，这么轻易就离开了，看来他对保护区的未来没信心啊，也耐不住保护站的寂寞。”

保护区成立之初，面临的最大问题是“内无钱、外有债”。保护区的上级单位是石首市政府，对一个县级政府来讲，在 30 年前拿钱做动物保护工作，几乎是“神话”。能拿出钱支付保护区的人员工资，就非常不错了。因为没有钱，所以保护区几乎开展不了更多的保护工作，更让保护区感到委屈的是，名字是“白鱀豚保护区”，但是天鹅洲故道中却只有“江豚”。并且两者不可同日而语，江豚在当时几乎与长江中的鲫鱼一样，很少有人关注，也没有钱投入江豚保护。这一点，更给保护区添加了压力。

天鹅洲故道被划成自然保护区之后，自然就不能让渔民捕鱼了，这就是保护区欠渔民的债，保护区还面临一个跟渔民和谐相处的问题。

对于一直在天鹅洲故道中捕鱼的渔民来说，突然不让他们捕鱼了，那就得给他们安排新的工作才行。但是，渔民的专业技能有限，不可能一转行就能立即从事其他工作。政府对此，办法也不多，只能给每户渔民分一些田地，让他们种粮食。种粮食的收入赶不上捕鱼的收入，所以渔民在种田之余，依然到天鹅洲故道捕鱼。

保护区为了缓解与渔民的矛盾，采取了折中的办法，将故道的上口划为渔民可捕捞的区域，而故道的其余区域不能捕捞。这虽然缓解了一些矛盾和冲突，但是渔民捕捞的方式却难以控制，各种渔具都被用上了。江豚不会知道我们人类这么多区域划分的“道道”，照样会游到上口去，所以这样的措施也难以确保江豚的安全。

既然保护区无法彻底解决渔民的生活问题，石首市政府就将保护区连同渔民都交给了天鹅洲经济开发区管理。开发区的管辖范围包括了天鹅洲故道和故道上口的麋鹿保护区，以及三户街、沙滩子、天鹅洲岛上的几个自然村庄，相当于一个乡镇级管理机构。开发区引进企业对保护区进行管理，希望采用经济手段解决渔民的生活问题和江豚保护的问题。当时引进了一个企业集团到天鹅洲故道，利用故道水域开展养殖和组织捕捞，并且将周边的滩涂湿地对外承包，允许开挖成鱼池养鱼。

这种模式缓解了保护区的经济压力，但是不利于江豚的保护，不利于保护故道的鱼类资源和生存环境。将 20 多千米的故道变成了养殖场，没有经营几年，该企业集团就亏损了，因为收入不多但还要保证渔民的收入，企业止亏离场了。于是，保护区又进入了“内无钱、外有债”的时期。

因为保护区工作人员的收入严重下降，部分职工开始停薪留职，自己承包故道的湿地浅滩开挖鱼池养鱼出售，还有的职工去大城市谋生，这是保护区面临的新困难。但是，包括朱新培在内的一些职工仍然坚守着这片水域，期待着保护区拨云见日的那一天。

1998 年的一场大水，让天鹅洲保护区又面临着严重的困难。大水从故道下口漫进了天鹅洲故道，天鹅洲四周农田和村镇的积水也被泵站抽进了故道，内外夹击，导致天鹅洲的大水漫过了大堤，将管理站淹没了一两米深，一楼成了泽国，站上的人员只能临时转移到二楼躲避水灾。天鹅洲故道的江豚和浅滩上的麋鹿开始往长江逃遁，麋鹿游过长江跑到洞庭湖去了，江豚越过洲滩，跑到长江干流去了。天鹅洲故道为数不多的江豚，变得更少了。

武汉天兴洲的江豚也来了

武汉市的长江江段，上游和下游各有一个沙洲，上游的叫白沙洲，下游的叫天兴洲。这两个沙洲像是武汉市的“门卫”，分别守护着武汉的上、下游长江江段。2021—2022 年，武汉市很多媒体都曾报道过白沙洲、天兴洲等水域可以看到长江江豚。实际上在几年之前，武汉江段也偶有长江江豚出现，但因没有明显的规律，所以没有引起市民的关注。

但是，2013 年，在天兴洲水域出现的长江江豚，却引起了武汉民众的强烈关注。

天兴洲南边的右汊是航道，船来船往，江面开阔；天兴洲北边的左汊，是没有通航的水道。在长江丰水期，左汊水面开阔，但是在枯水期，左汊水位急剧下降，甚至左汊上游入口会断流，河床会露出。因为没有水进入河道，河道中波澜不惊，非常平静，随着水位持续降低，下游的水面也在逐渐地变窄，甚至在最下端的河床也接近露出，或者仅有很小的河道维持与干流相通。

2013 年 12 月 14 日，一阵急促的电话铃声响起。

“天兴洲左汊有好几头江豚被困在里面了！”有人向武汉市渔政部门报告。情况紧急，武汉市渔政部门立即联系中国科学院水生生物研究所。接到消息的王丁立即安排赵庆中、梅志刚、李永涛等人驱车前往天兴洲查明具体情况。

经过现场考察，确定被困江豚有 4 头。夹江水面宽度约 400 米，最深处水深约 5 米，左岸为深槽，右岸为浅滩，江豚可活动范围的长度约 3 千米，暂时排除了搁浅的危险。由于当时没有禁渔，仍有不少渔民在夹江内进行捕鱼作业。

科研人员立即组织开会讨论，首先是认为水位还会持续下降，江豚在涨水之前是很难出去的，并且因为水浅鱼少，还有渔船作业，所以江豚的捕食量可能出现不足；其次是水质也可能变坏，应该立即禁止捕鱼，加强观察，同时准备捕捞救护。

被困夹江内的 4 头江豚，时时刻刻牵动着所有人的心。科研人员与武汉渔政管理部门密切配合，启动应急监测，在附近驻扎下来。科研人员每天监测 4 头江豚的活动范围，判断它们的健康状况；渔政管理人员则将夹江内捕鱼的渔民劝离上岸，禁止渔民捕鱼，并将那边水域的周边插满小红旗，以示警戒。

原本寄希望于水位上涨，江豚能自己游出去。但科研人员通过连续两天监测，发现水位持续下降，已经不能再被动等待水位上升了。科研人员启动了捕捞救护程序，并且与天鹅洲保护区商定，将这几头江豚送去天鹅洲，以改善那里江豚种群的遗传结构。因为天鹅洲的江豚种群基本上是来自武汉以上的荆江江段的个体，遗传多样性比较低，正好需要补充武汉江段和武汉以下江段的个体，以丰富种群遗传多样性。武汉市渔政管理部门也支持这个计划，于是立即开始了捕捞。

冬季的江上，寒风呼啸，让人瑟瑟发抖。要想将夹江内的 4 头江豚捕捞起来并不是那么容易的，由于江豚被困水域地形相对比较复杂，科研人员对该水域也不熟悉，而天兴洲的渔民虽然熟悉该水域，却没有江豚捕捞经验。为了保证人员及江豚的安全，科研人员联系常年合作且具有捕豚经验的天鹅洲渔民和鄱阳湖渔民前来支援。

一切准备工作就绪。2014 年 1 月 10 日，一场多地联动、多部门联合

▲ 科研人员和渔民跳入江水中开展江豚救援行动（中国科学院水生生物研究所　供图）

的救援行动正式开展。江上的风，吹得人头皮发麻；江里的水，冰冷刺骨。为了保证江豚起水时的安全，顾不得寒冷的众人跳入江中，小心翼翼地将江豚托起。历时 5 小时，终于将 4 头江豚全部捕捞起来，并对它们进行简单的体检。经体检发现，这四头江豚是两对母子豚，幼豚均为雄性，其中 1 头幼豚体长 106 厘米，年龄不满 1 岁，尚在哺乳期；另一头幼豚体长 112 厘米，年龄亦不满 1 岁。

经过暂养观察的 4 头江豚，次日用汽车运送到天鹅洲故道，在植入“电子身份证”后被释放到故道水域中。2015 年冬季，科研人员在对天鹅洲故道江豚种群进行普查时发现，从武汉天兴洲救护并引入天鹅洲的这两头雌性江豚，一头处于妊娠状态，一头处于哺乳状态。

第三章
江豚成了“白公馆”的新主人

在白鱀豚保护的道路上，江豚一直都充当着“先锋官”“探路者”的角色。当时的人们只知道白鱀豚的数量已经很少了，但长江里的江豚还是随处可见，那些在长江中时不时冒出的黑黑小脑袋，不是一直在向世人宣示着自己的存在吗？殊不知好景不长，转眼江豚也成了极度濒危物种……

摸着石头过河

20世纪七八十年代，科研人员为了研究白鱀豚，一直想获得活豚进行饲养。然而在当时，白鱀豚的数量已经很少了，更何况在蜿蜒近2000千米滚滚向前的长江中下游去寻找、捕获白鱀豚，其难度之大，可想而知。饲养白鱀豚，从来没有过先例，也没有任何经验可以遵循。白鱀豚如此珍稀，当时“半路出家”的科研人员深感责任重大。

相较于珍贵的白鱀豚，同样生活在长江中的江豚，当时的数量不仅非常多，而且也比较容易捕获。科研人员决定先从饲养江豚开始，取得第一手资料。

但长江水域环境复杂，对刚刚开启白鳖豚研究的科研人员来说，连长江豚类的分布都暂时还未弄清楚，光靠自己是无法捕获的。

要问最了解长江的人是谁？这个答案恐怕是世世代代生活在长江上以捕鱼为生的渔民了。他们以船为家、依江谋生，对生活在江里的各种水生动物再熟悉不过了。为了获得活豚作为进一步研究对象，陈佩薰等科研人员只能向生活在江上的渔民请求帮助，让他们帮忙捕获活的白鳖豚或者江豚。

1979 年冬，石首渔民传来了好消息。常年与长江打交道的他们，利用“守株待兔”的方法，选择一处江豚经常出现的江汊，用网将 3 头江豚关在其中，然后捕捞转运到一口水塘中暂养。接到消息的科研人员丝毫不敢耽误，立即驱车向石首赶去。为了将这三头江豚安全运回武汉，科研人员专门用帆布做了一个大水箱，箱里用新棉絮和泡沫塑料铺满并加上水，让江豚身体一半在水中、一半在水面。道路颠簸，水晃荡得很厉害，为了保证江豚安全，一路上科研人员吃尽了苦头，所幸最终科研人员和江豚都安全返回武汉。在当时，没有专门的饲养水池，科研人员只能将 3 头江豚放入中国科学院水生生物研究所的土鱼池中进行饲养。

中国科学院水生生物研究所的科研人员对于池塘养鱼自然是再熟悉不过了，但是人工饲养江豚还是头一次，该怎么养，当时谁也没有经验，一切都只能摸着石头过河。

就这样，远离滔滔大江来到四四方方的土鱼池中生活的 3 头江豚，成了科研人员在人工环境下了解长江豚类的“先锋官”。科研人员每天观察记录这些江豚的游泳、呼吸、集群、捕食行为。然而，由于鱼塘水质极差，

▲ 早期的江豚训练（中国科学院水生生物研究所　供图）

江豚在捕捞时被渔网擦伤，饲养 1 周左右就发现 3 头江豚感染皮肤病，不久就先后去世。

这是科研人员第一次尝试人工饲养江豚，积累了一定的经验，也让科研人员看到了成功饲养的可能。

“把江豚当作白鱀豚一样精心饲养”

白鱀豚淇淇的到来，让科研人员如获至宝，也让白鱀豚的研究进入快速发展的道路。研究白鱀豚的目的，是为了更好地保护生活在长江中所剩不多的“长江女神”。从 1978 年白鱀豚研究组成立之日起，科研人员就一直不停地在长江中搜寻着白鱀豚的踪影，同时也对我国长江豚类的种群数量进行着摸底调查。

时间来到 20 世纪 90 年代后期，在长江上搜寻了十几年白鱀豚的科研人员，越发难以发现白鱀豚的身影。与此同时，科研人员惊恐地发现，作为长江仅有的两种豚类之一的长江江豚，其种群数量也在下降。据 1991 年的考察结果估计，当时长江江豚的种群数量约为 2700 头。随着经济社会的不断发展，人类对长江水资源开发强度和其他人类活动的升级，长江江豚自然种群数量也在迅速减少。

由此，作为白鱀豚的远房表亲，那个在白鱀豚研究道路上的“先锋官”，与白鱀豚共同生活在一个家园并带着标志性微笑的长江江豚，也逐渐被重视起来。白鱀豚虽然已经无法挽救了，但科研人员下定决心绝不让长江江豚重蹈白鱀豚的覆辙，立即加强了对长江江豚的研究保护。

1982 年初，王丁从武汉大学空间物理系无线电电子学专业毕业。那时恰逢我国首个白鱀豚研究室在中国科学院水生生物研究所刚成立，正需要声学相关的技术人员，他放弃原本“前途无量”的空间物理研究工作，服从国家安排加入该团队。从此，王丁的研究工作从天上转入了水下，也开启了他与长江豚类一生的相伴。

20 世纪 90 年代，通过中美联合培养博士研究生项目到美国求学的王丁，临近毕业时，多次婉言谢绝导师的挽留，毅然放弃美国先进的科研平台和丰厚的报酬，选择回国，继续他深爱着的事业。

1996 年，从上一任研究室主任刘仁俊手中接过白鱀豚研究室负责人接力棒的王丁，也正式成为第三代学科组带头人。

上任后的第一件事，王丁便决定开始饲养长江江豚，并向团队成员提出“我们一定要把江豚当作白鳖豚一样精心饲养”的口号，要求团队成员转变思想观念，把江豚当作白鳖豚一样对待。

1996 年 12 月，寒风凛冽，王丁亲自带队前往长江搜寻合适的江豚个体进行人工饲养。滚滚长江上，船来船往，江水奔流不息。在当地渔民的协助下，王丁他们分别在长江嘉鱼江段和长江城陵矶江段捕获一雄一雌两头长江江豚。雄性江豚，体长 126 厘米，体重 32.5 千克，取名为“阿福”；雌性江豚，体长 125 厘米，体重 30.3 千克，取名为“滢滢”。科研人员根据多年研究总结的体长计算公式估算两头小江豚年龄在两岁左右。

完成体检后的两头江豚，科研人员先将它们安排设置在野外自然水域中的暂养围栏进行试养，观察动物状态，密切关注动物行为变化，观察暂养江豚是否有应激反应。作为哺乳动物的长江江豚，天性胆子小，突然从长江自然水域转移到相对狭小的围栏中，被限制了活动空间，可能会有冲网现象，抑或产生强烈的应激反应。一旦出现这种现象，就要将它们放归长江中去。

为确保暂养围栏中的江豚安全，作为兽医的赵庆中寸步不离地陪伴在这两头江豚身边，观察它们的行为变化有无异常，晚上只能睡在围栏附近的渔船上，伴着江豚的呼吸声和寒风的呼啸声入眠。

半个月后，在检查动物身体没有健康风险后，终于要将这两头江豚转运回白鳖豚馆了。由于鲸类动物终生生活在水中，皮肤极易干裂，如果运输方法不当，很容易受伤和患病。江豚离水运输，最大的挑战是怕动物出现应激反应和压迫内脏。因为江豚生活在水中，习惯于失重环境，当身体出水后会受到重力过度的影响。

江豚的捕捞、运输、释放，每一步都充满着风险。为了确保这两头江

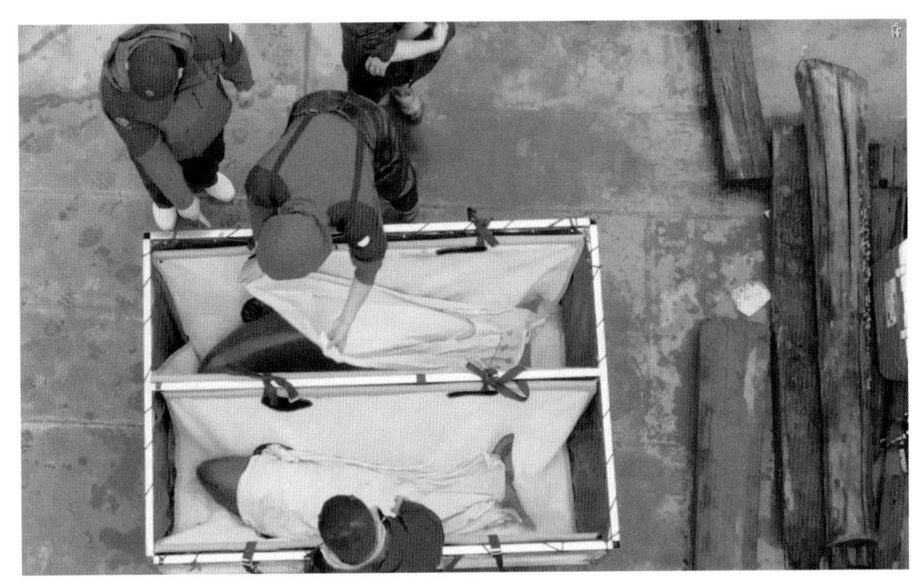

▲ 江豚运输（湖北长江新螺段白鱀豚国家级自然保护区　供图）

豚能够顺利引入白鱀豚馆并安全成活，通过结合多年与江豚打交道的工作经验，王丁他们摸索总结出一套“半干运输法”。科研人员为这两头江豚特别定制了一个长方形箱体，先把箱体放在车上，在箱体里先装上水，将一块海绵打湿铺在箱体里面，再用定制担架将这两头江豚抬到车上，放在箱体里面，把江豚放置于箱体后，在江豚背部用一块打湿的棉质浴巾覆盖整个体表，鼻孔露出水面，担架两侧的横杆放在箱体两头，让江豚半悬挂漂浮在海绵上。随车带上几桶水，以便在行驶过程中箱体里的水因泼洒而减少时随时补充水。途中两人护送，一个人记录呼吸频率，另一个人间隔式地往浴巾上浇水，保持身体背部皮肤湿润，并为江豚降温。

汽车一路飞驰，丝毫不敢停歇，科研人员将阿福和滢滢从野外顺利运回白鱀豚馆。在检查动物状态良好的情况下，科研人员将这两头江豚顺利转入早已准备好的水池中。

1992年新建立的白鳘豚馆，拥有现代化的饲养设施，硬件条件也得到了极大改善。科研人员也已经成功饲养白鳘豚淇淇多年，有了一定的经验。但对于人工饲养江豚，在此之前科研人员却从未成功过。

与白鳘豚相比，除了个体形态大小上的差异外，长江江豚胆子要比白鳘豚小很多，对环境的变化更加敏感。另外，二者的皮肤结构也有很大差异，白鳘豚的皮肤比较硬，江豚的皮肤比较柔软光滑，很容易受伤。一旦江豚在捕捉和运输过程中体表受伤，或在水质不好的条件下就容易感染很难治愈的皮肤病。江豚的皮肤病只能通过对池水进行严格消毒来预防和控制。正是由于江豚本身的这些特性，也让其人工饲养难度丝毫不亚于白鳘豚。

来到人工饲养环境下的阿福和滢滢，在水池中不断探索着、适应着这个陌生的生活环境。原本为白鳘豚淇淇专门设计的水池，此刻也成了这两头小江豚的新家。进入新环境最重要也是最关键的一步，就是开口进食！科研人员根据喂养白鳘豚的经验，摸索着饲喂这两头江豚。

不同于白鳘豚，江豚个体比较小，摄食的饵料鱼也比喂白鳘豚的饵料要小很多，只能吃10厘米左右的小鱼。这样大小的鱼在冬天较为常见，但在夏天却很难买到，因此必须在冬天储藏较多的鱼，以便江豚度过武汉漫长的夏天。由于喂给江豚的鱼经过冰冻和解冻，容易变质，所以科研人员每餐对江豚的饵料鱼都要进行严格挑选和消毒，以预防和控制江豚的消化道疾病。

渐渐地，科研人员也摸清了这两头江豚的性格：阿福性格温和，对人比较亲近；而滢滢却截然不同，比较倔强，酷酷的，对人不那么亲近。由于把好了水质、饵料和疾病防控这三大难关，这两头江豚饲养获得了成功。

这对“情侣”从幼年到成年一直生活在一起,但总不见“喜”。1999 年，科研人员又从石首天鹅洲故道引进了一头雌性小江豚，取名为“晶晶”。自此，白鱀豚馆成功建立了国内首个小型的长江江豚饲养群体。

自从人工饲养下的白鱀豚淇淇自然高寿死亡后，白鱀豚馆里再也没有迎来白鱀豚，但是，同为长江里的“原住民”——长江江豚成了这里的新主人。

第四章

“上门女婿”阿宝

随着饲养设施基础条件的改善，科研人员与江豚不再“风餐露宿”；经过不懈的努力与付出，终于成功养活了江豚。但既得陇，复望蜀：如何让江豚成功怀孕并分娩，又成为科研人员下一步努力的目标……

不孕不育为哪般？

阳光穿越玻璃幕墙，在水面洒下一片金黄。窗明几净的饲养大厅内，3 头江豚正在水池中自由地游弋。维生系统的 7 台循环水泵在快速地旋转，发出低沉的轰鸣，24 小时不停地运行，支撑着在当时看来非常现代化的白鱀豚馆。正是有了这些硬件条件的改善，才让白鱀豚和江豚在人工环境饲养下的生活有了质的改变，也让科研人员对江豚的行为模式、群体结构关系有了更多认识。

因为把江豚当作白鱀豚一样照顾，科研人员为了确保动物健康，让江豚也“享受”了每月一次的健康体检，即对这三头江豚进行称重，测量体

▲科研人员对江豚进行每月一次的健康体检（中国科学院水生生物研究所　供图）

长和三围，以及抽血等项目检查。通过每月体检，从血液样品中提取激素进行监测，发现这三头江豚在2002年时已达到性成熟。截至2002年，最早引进白鱀豚馆的阿福和滢滢在此已经生活了6年，晶晶也生活了3年，但从每月体检数据监测发现，滢滢和晶晶这两头雌性江豚却从未怀孕。

虽然突破了饲养难题，但人工饲养下的江豚却久久不见怀孕，这也成了科研人员一时难以突破的障碍。对于江豚这种动物，科研人员也是一边认识了解，一边不断探索。

王丁带领的科研团队开始总结反思，难道是每个月的放水捕捞体检对江豚造成了影响？虽然每个月的体检能够让科研人员及时了解这三头江豚的健康状况，但长时间的放水捕捉，会使江豚产生一定的应激反应。同时，每月一次的放水捕捞体检工作，也耗费了巨大的人力、物力，伴随的还有大量水资源的浪费。借鉴国外海洋馆的做法，都是采取科学的医疗训练，让动物主动配合进行健康检查以及生物样本的采集。

对照国际同行的工作，江豚的人工饲养工作也到了不得不改变方法的地步，也要迈上新的台阶。

“江豚人工饲养必须进行医疗训练，刻不容缓！”2002 年，王丁提出。

于是，由王克雄牵头，赵庆中、陈道权、龚伟明、匡新安、寇章兵共六名成员组成江豚训练团队，全身心投入江豚医疗训练。当时两人一组，分别负责 1 头江豚进行训练：王克雄和龚伟明为一组负责阿福，匡新安和赵庆中为一组负责晶晶，寇章兵和陈道权为一组负责滢滢。每节训练时间规定为 15 分钟，如果江豚不配合就暂时停下。

与海豚等大型鲸类动物不同，江豚天生胆子比较小，想要通过训练达到让江豚主动配合采集生物样本，并不是那么容易的。当时 6 人团队中，除了王克雄曾经训练过白鱀豚淇淇、接触过动物训练知识以外，其他 5 人几乎是空白，毫无基础。但大家互相学习、相互鼓励，王克雄也主动向其他 5 人分享自己饲养、训练淇淇多年的经验。为了激励大家做好训练工作，当时学科组也为每人发一块防水手表作为奖励。

一时间，6 位科研人员比超赶学，劲头十足。

6 位科研人员潜心钻研江豚训练，只能从最基础的动物定位开始。功夫不负有心人，从 2002 年 4 月 15 日到 6 月 28 日，近两个半月的时间，匡新安训练的晶晶率先完成从尾部采集血液样品。眼看匡新安的训练进展这么快，其余几人也不甘落后，奋起直追。不久后滢滢和阿福也相继能够通过人工训练采集到血液样品。血液样品生化分析数据是监测江豚健康状况的重要指标，江豚人工采血训练的成功标志着从此每个月抽水对江豚进行体检这种烦琐而且潜伏着巨大风险的体检方式正式告一段落。

此外，科研人员通过观察，发现成年的阿福在春、秋两季会经常尝试和雌豚交配，但是从未观察到有过成功交配的行为。

难道是雌性江豚不配合？对阿福没有兴趣？

于是，科研人员尝试通过训练的方式，触摸刺激雌豚的生殖区域，以此来增加雌豚接纳雄豚的兴趣，诱导雌豚和雄豚进行身体接触。除此之外，科研人员不定期地将阿福和两头雌性江豚分开饲养，一段时间后再将它们合在一起，以期激发雄豚交配的欲望，增加交配次数，提高交配成功率。

在尝试多种手段后，依旧不见两头雌性江豚有怀孕迹象。难道是这三头江豚都是在很小的时候被引进，没有交配经历？或者没有像野外自然水域中幼龄江豚那样，可以跟其他成年江豚学习交配经验？一时让科研人员犯了难。

“上门女婿”阿宝要来了

在科研人员尝试当时所有能想到的手段之后，仍然未见有雌性江豚怀孕的迹象。江豚的人工繁育科研工作一时间陷入停滞不前的状态……

“为何不从野外引进成年的雄性江豚来当强力外援？”在一次工作会议上有人提出。

此想法一出，顿时让所有人眼前一亮，有种柳暗花明又一村的感觉。是啊！直接再从野外引进一头成年的雄性江豚，一来作为成年的雄性江豚，在野外水域学习生活多年，有着丰富的交配经验；二来可以让雄性江豚之间彼此竞争，激发动物争夺雌性交配权的欲望，以此促进雌性江豚怀孕。

机会很快就来了。

2004 年 10 月，生活在湖北省荆州市石首天鹅洲故道里的江豚又迎来了一次健康体检。随着 1 头成年雄性江豚起水上岸，科研人员对它进行了称重、测量。

“体长 147 厘米，体重 50.5 千克，身体摸起来十分柔软，对人也并不害怕，整个体检过程十分配合！”这就是后来被陈佩薰教授取名为“阿宝”的“明星江豚”给在场所有人员的第一印象。

科研人员根据多年累积数据总结的经验公式，计算这头雄性江豚年龄大概七八岁。望着眼前这头江豚，科研人员有种说不出来的亲近感——性格不怕人、年龄大小也合适，正好符合大家心中的期待，觉得这就是理想中的“外援”，随即决定将这头江豚引进白鱀豚馆内。

与之前引进的 3 头幼龄江豚相比，这也是科研人员第一次尝试人工饲养成年江豚。一般来说，幼龄江豚对于环境变化的适应能力比成年江豚要强；而成年江豚早已适应了野外自然水域环境，自主捕食行为已经固化，有着自己熟悉的社群团体，比较难以适应人工饲养环境。

为了顺利将阿宝引进白鱀豚馆，在完成体检后，科研人员将阿宝暂养在天鹅洲保护区管理站附近的一个小河汊里。根据任务安排，学科组从武汉白鱀豚馆抽调陈道权和寇章兵 2 人前往荆州市石首天鹅洲，负责阿宝的野外暂养和驯化工作。

突然从熟悉的故道大家园来到小河汊的阿宝，慢慢探索着这个“暂住地”，游遍小河汊的每个角落。虽然在小河汊里，阿宝能够自己捕获一定的口粮，但估计顶多算是开胃小菜。为了保证阿宝能够摄入充足的食物，同时也帮助阿宝适应人工环境下的饲养模式，还需要对阿宝进行人工投喂，逐步诱导转变阿宝的摄食方式。人工投喂首先就要解决饵料来源的问题，由于没有专门为江豚准备冻存饵料的冰箱，因此只能每天向周边渔民购买少量饵料鱼，保障当天的口粮。彼时的天鹅洲故道还未完全禁止捕鱼，背靠天鹅洲故道，阿宝每天都有新鲜的小鱼吃。

陈道权与寇章兵 2 人每天都要从保护区管理站到小河汊来回数趟，他们在保护区管理站将当天专门为阿宝买的小鱼挑选后清洗干净，带往小河汊边向阿宝进行投喂，并观察阿宝对投喂的反应。除此之外，野外暂养还要保证动物安全，2 人不敢有丝毫大意，每天都要统计、观察阿宝的行为有无异常，出水呼吸声音是否发生改变。与在武汉室内的工作环境相比，野外工作要辛苦很多，风吹、日晒、雨淋是家常便饭。

经过 28 天的野外暂养，阿宝也逐渐适应了人工投喂模式，这也就意味着阿宝这个“上门女婿”即将要“上门”啰!

2004 年 10 月 31 日，科研人员决定正式将阿宝转运到白鱀豚馆。尽管有了多次运豚的经验，也总结出一套运输方法，但在每次转运江豚的过程中，科研人员都不敢掉以轻心。在狭小的车厢内，科研人员为阿宝准备的专属“座椅”——运输箱，占据了大部分的空间，长时间的运输，不仅对阿宝是一种考验，对随车护送人员也是一种考验。由于空间有限，两人只能在拥挤的车厢内不断调整自己的姿势，以便让自己处于最舒适的状态。

4 小时后，车子终于平安抵达白鱀豚馆。早早等候在馆内的科研人员赶紧将阿宝从车上抬下来，将它转运到早已为它准备好的“新家”——主养厅内的副养池。阿宝不知道的是，在主养池内有 3 头素未谋面的“邻居”也在等待着它的到来。在连接主养池与副养池之间的通道中，科研人员用一道栅栏门将 2 个池子分隔开来，但一点也不妨碍两边的江豚通过声呐欢快地进行畅聊——反正人类也听不懂它们的语言。

“1、2、3，放！”随着众人打开担架的一侧，阿宝一个转身“刺溜”就进入池中。

入住副养池的阿宝，快速地在池中环游，紧张又陌生地熟悉着自己的“新家”。围在池子周边的科研人员正在密切观察阿宝对新环境的适应情况，忽然一个意外，让所有科研人员的心提到了嗓子眼。

只见阿宝快速游动，一下子冲到池子外的平台上，好像迫不及待地就想去对面“邻居”家串门一样。在场的众人完全懵了，这在过去从来没有发生过。反应过来的众人立刻冲到平台上，检查阿宝的伤势，发现尾部右叶的结缔组织似乎折断了，而且有肿胀的迹象。一直在池边守候的赵庆中，赶紧对阿宝的伤势进行处理，然后再次将阿宝放回副养池中。

“暂时把池水水位降低吧！”赵庆中建议。

阿宝的这一跳，吓坏了所有人，毕竟江豚的安全是所有工作的基石。为了避免阿宝再次发生意外，科研人员立即将饲养池内的水位降低了 1 米。再次回到池中的阿宝，开始渐渐地适应着新环境，慢慢就平静下来。

俗话说，万事开头难，这个大家是有心理准备的。但没想到，首次来到人工环境下的阿宝所带来的第一个挑战，就让科研人员如此胆战心惊。

这个意外也给科研人员敲响了警钟，尽管在野外暂养期间，阿宝摄食、呼吸和游泳行为都没有表现出异常情况，但转入人工环境下生活，对它来说还是存在应激反应。成年豚的人工饲养并不容易呀！作为成年豚的阿宝早已适应了野外的生活，要想让它适应人工环境下的生活，则需要花费更大的精力，付出更多的努力。为此，学科组安排赵庆中和寇章兵 2 人专门来负责照顾阿宝。

很快第二个挑战就出现了。之前在野外自然水域暂养时，阿宝还能吃寇章兵抛撒在水面上的鱼。但回到白鱀豚馆后，阿宝不吃漂浮在水面的鱼，专门吃沉在水底的鱼。真不愧是一头有个性的江豚！无论怎么引诱，阿宝就是不愿吃水面上漂浮的鱼。

这一下子让大家为难了，如果不吃水面的鱼，就无法建立人与阿宝之间的信任关系，也就很难顺利开展下一步的人工驯化工作。在未完成手喂食训练之前，阿宝也不能与其他 3 头江豚进行合池。

看着倔强的阿宝，训练员只能暂时选择“投降”。为了保障阿宝的身体健康，只能顺着它的性子，每餐喂食前，先花费大量时间一条一条地破坏掉所有饵料鱼的鱼鳔，让鱼沉入水底，先让它尽情地享用美食。然后再破坏掉部分饵料鱼的鱼鳔，与正常饵料鱼混合投喂，逐渐地引诱阿宝出水吃鱼，不断拉近阿宝与人的距离。

就这样，阿宝慢慢接受了训练员的善意，也开始一点一点尝试接近训练员。历时半年，阿宝终于学会了把头部露出水面正常接受手喂鱼。这也是开展人工饲养训练的关键一步，也意味着阿宝终于可以跟对面的 3 位小伙伴进行合池啦！

此时，可以说是万事俱备，只欠“雄”风！

第五章

第一次看到江豚生孩子、带孩子

因为繁育策略的调整，阿宝从美丽的天鹅洲故道被引入白鱀豚馆。就在阿宝即将与3位小伙伴合池之前，白鱀豚馆迎来了一件大家企盼已久的大喜事……

晶晶生下了淘淘

“怀孕啦！晶晶怀孕啦！！”

随着医院血检结果传回，在白鱀豚馆最近一次江豚例行健康体检中发现晶晶孕酮激素异常升高，昭示着晶晶终于怀孕啦！

人工饲养环境下江豚首次成功怀孕，这让王丁带领的研究团队所有成员激动不已，那段时间每个人的脸上都洋溢着喜悦的笑容。

“也许这就是阿宝带来的好‘孕’气吧！”科研人员感叹道。

当然，将晶晶的怀孕归功于阿宝带来的运气，有些牵强。因为阿宝还没有与3位小伙伴合池，这次晶晶腹中的胎儿显然是阿福的。然而，这同时也体现出科研人员对于江豚怀孕的企盼。

从事鲸类动物保护工作多年，也盼了多年，王丁心中一直有个结：当年没能实现白鱀豚人工繁育，没能留住美丽的“长江女神”，心中满是遗憾。现在他转而把希望寄托在江豚身上，一直希望人工饲养环境下的江豚饲养繁育研究能够有所突破。晶晶的怀孕，意味着白鱀豚馆即将迎来新生命的诞生，这让王丁带领的研究团队终于盼来了曙光。

晶晶的怀孕，让王丁他们感到兴奋的同时也倍感压力。江豚怀孕周期是多久，江豚如何进行分娩，分娩过程中遇到紧急情况又该如何处理，分娩后母子豚应该如何护理……

一个接一个的问题迎面扑来，让所有科研人员茫然无解，因为当时谁也没有见过江豚分娩。

晶晶是白鱀豚馆第一头怀孕的江豚，科研人员对它格外重视。为了保障晶晶顺利分娩，王丁觉得有必要制定一份江豚分娩护理预案。重担落到了郝玉江的身上。此时的郝玉江，还只是王丁的一名在读博士研究生。

面对历史空白，郝玉江在学习总结前辈的研究资料基础上，查阅大量文献，通过对日本海江豚的相关论文研读，基本了解了整个分娩过程。但结合白鱀豚馆的实际情况，长江江豚分娩的相关风险考量，仍然有待验证。郝玉江只能摸着石头过河，参照其他鲸类的经验制定了江豚分娩护理预案。

2005年春，气温渐渐回升，饲养池水温也随着升高，江豚很快要到发情期。此时的晶晶已经到了怀孕中后期，肚子也变得越来越大，科研人员不得不提前考虑为晶晶安排“产房”分娩。考虑到发情季节雄性江豚可能会对晶晶造成干扰，科研人员只好将雄性江豚集中到副养池中单独饲养，将最大的主养池空出来给晶晶分娩使用，并留下另外一头雌性江豚滢滢在池中陪伴晶晶待产。

就这样，帅气的阿宝与3位小伙伴会面的日子，又要延期了。不过，好在科研人员已将阿福转入副养池来陪它。

对于初次面对江豚分娩的科研人员来说，一切都是从零开始。由于不能判断晶晶预产期具体是什么时间，也为了积累更多的江豚分娩研究资料，自2005年4月起，科研人员就启动了江豚分娩监护预案，开启了24小时值班模式，对孕豚晶晶进行产前监测，观察记录它分娩前的行为发展变化。科研人员从最开始的每2小时观察10分钟到每小时观察10分钟，再到每小时观察30分钟，直至最后24小时不中断的监测。随着江豚临产时间的推进，对孕豚晶晶的行为监测资料渐渐铺满了整个办公桌，一摞摞厚厚的监测记录，成了弥足珍贵的历史资料。

3个月过去了，长期的日夜监测，让所有的科研人员都感到非常疲惫。就在大家快要熬不住的时候，7月5日下午，训练员报告晶晶进食状态变差，有两餐完全不靠近摄食，也不靠近训练平台。科研人员参考此前收集的海豚临产资料，初步判断晶晶极有可能要分娩。

作为白鱀豚馆的兽医同时也是分娩现场指挥的赵庆中，吩咐大家各司其职，按照分娩预案做好准备。就在众人忙碌的同时，发生了一段小插曲……

在日常监测时，为了不惊扰怀孕的江豚，科研人员是不开灯的，主要借助外部光亮来进行观察。分娩当天，为了夜晚能够更清楚地观察母豚分娩过程，以及幼豚摄乳情况，赵庆中打开了主养大厅顶部的全部灯光。刹那间，整个主养大厅亮如白昼。在漆黑的夜色衬托下，整个白鱀豚馆就像是镶嵌在东湖边上的一颗夜明珠。

“不能开这么多灯！弄这么亮，会惊扰到江豚的。”看到耀眼的亮光，正在池边监测分娩的郝玉江立即向赵庆中提议道。

“不能？看不清幼豚吃奶怎么办？”赵庆中反驳道。毕竟幼豚吃奶是大家都关心的一等一的大事，郝玉江也只好默认了赵庆中的操作。

“江豚马上要生啦！”就在科研人员还在焦急地等待晶晶分娩的时候，白鱀豚馆江豚要分娩的消息在中国科学院水生生物研究所内部不胫而走。闻讯而来的领导、职工以及家属，顿时挤满了饲养大厅，围坐在水池边，纷纷想要目睹这神秘的江豚分娩。因为当时谁也没有见过这“大场面”，现场好不热闹。

看着围观的人群、热闹的现场，急急忙忙从中国科学院水生生物研究所本部赶来的王丁不由得担心起来，江豚天性胆小，这么嘈杂的分娩环境势必会对晶晶分娩造成很大影响。

“这么多人也不是个事儿啊！”王丁看向赵庆中说道。

“不知道谁泄露的消息，大家都跑来了！”赵庆中回道。

两个人一合计，为了给晶晶创造一个安静的分娩环境，王丁只好唱起了黑脸，将这些在同一个单位共事多年的领导、同事全都请了出去，只留下必要的工作人员保障晶晶分娩。

7月的武汉，燥热难耐。大厅内白天炙烤下的余热还未散去，夜晚一盏盏耀眼的灯光又再次发力，守护在池边的监测人员，不停地擦拭着流淌的汗珠。

21时30分，坚守在地下观察窗的监测人员观察到幼豚的尾鳍不时露出母体外。此时的晶晶已完全进入临产阶段，情况非常紧急。科研人员立即启动分娩预案，全面监测母豚动态，并做好救护准备。留存的历史资料中，还可以找到一段详细的监测笔录，记录了首次江豚分娩的过程。

22时10分，再次观察到幼豚尾鳍时而露出母体外，时而又回缩进去。

22时40分，幼豚尾鳍稳定露出体外，不再回缩。

22时45分，尾鳍娩出10～15厘米。

23时，尾鳍及尾柄娩出约20厘米。

23时45分，幼豚娩出25～30厘米，此时，娩出的部分约占幼豚体长的1/3。

23时51分，母豚快速游动，并旋转身体，伴随着脐带断裂，一道血红色弧线在水中划过，顷刻之间小豚顺利娩出。

历时2小时21分，晶晶终于顺利诞下一头幼豚。只见刚刚来到这个世上的小家伙，游泳姿势还未熟练，使劲扑棱着自己的小尾巴，身体几乎立于水面，用力将自己的小脑袋送出水面，呼吸着新鲜空气。

“不好！快！小江豚要冲上来了！”

早已守候在池边的科研人员一个箭步冲上前去，用手轻轻将它护住，并帮它调整方向，让它往水池中间游去。面对刚出生的小江豚的横冲直撞，早已从日本江之岛水族馆取得“真经”的科研人员，此时在整个主养池周围站满了一圈，大家的目光紧盯着幼豚游动的方向，随时准备出手救护。然而，众人护得了水面之上，却护不了水下。

“咚！咚！”

时不时一声闷响，幼豚直直地撞上了水面以下的池壁。站在池边的众人看得心惊肉跳，一个个恨不得想直接把手伸到它面前去保护它，但奈何手臂长度有限，只能眼睁睁地看着却无能为力。

刚出生的幼豚，声呐功能发育并不完整，无法清晰地识别方向。因此，在水中，身体就像一颗小炮弹似的横冲直撞。

在一次次的冲撞下，小江豚的嘴巴破裂开来，但也逐渐在适应着这个陌生的环境，慢慢地在即将撞向池壁的那一刻，学会了提前转向规避障碍。而作为新手母亲的晶晶，一直处于紧张状态，在池中不停地快速游动，完全不理睬幼豚。此时，郝玉江又凑到赵庆中面前，他坚持建议关掉一组照明灯，适当降低馆内的亮度，以缓解母豚的紧张情绪。看着一直紧张的母子豚，赵庆中最终同意了这一建议。

根据预案，训练员给晶晶投喂了一些饵料鱼。渐渐地晶晶平静下来，

▼晶晶、淘淘母子伴游（高宝燕　摄）

母性也渐渐呈现，开始尝试着带孩子了。然而小江豚还是执拗地沉浸在自己的世界里绕着水池游动，就像一个不听话的孩子。在晶晶一点一点地努力下，母子关系终于慢慢开始建立。小江豚开始跟随母豚游动，时而趴在母豚背部，时而贴在母豚胸鳍处，时而跟在母豚腹部，好不活泼可爱。科研人员也第一次见识到江豚是如何带孩子的。

"在训练台附近投喂，晶晶主动摄食……每次进食1条即走开寻找幼豚……"监测人员在记录表上详细记录着母子豚的一举一动。

产后的晶晶心思全部放在幼豚身上。为了尽可能地满足母豚营养需求，更好地给幼豚授乳，训练员每隔1小时就要蹲守在池边，等待晶晶抚幼的空隙趁机给它喂上一两口。

所有人，一夜未眠。

次日，科研人员还在焦急等待幼豚何时能够顺利吃上母乳时，意外也悄然而至。

危险！由于长时间没有成功摄食到母乳，小江豚体力消耗过大，不能平衡身体和正常游泳。突然，小江豚一下子冲到了训练平台上。此时，守护在池边的赵庆中一个箭步冲上训练平台，紧急将小江豚轻轻护住，看着小江豚虚弱的样子，将提前准备好的酸奶喂食给它，补充体力，然后再将其放归到池中。

突发的意外，让在场众人的心都揪了起来，愈发焦急。让小江豚尽快吃上奶，又成了大家心中的一个期盼。

好在，在"亲妈"晶晶的努力下，母子关系越来越稳定，小江豚也开始不停地在晶晶身上一点点摸索，寻找乳头的位置，晶晶也开始积极配合起来，用腹部主动去蹭小江豚的头部。

“吃到奶啦！”监测人员兴奋地报告。

历时 17 小时，终于观察确认小江豚成功吃到母乳了，这让王丁和在场的所有科研人员终于松了一口气。小江豚成功吃到母乳，就意味着存活的希望更大了。

母子关系渐渐地稳定下来，科研人员监测到幼豚吃奶的次数，也越来越频繁。

在小江豚出生后，生活在副养池的“亲爹”阿福也给科研人员留下了难忘的一幕。平常喂食时间，训练员一吹哨子就靠近摄食的阿福，在晶晶生下幼豚后，就一直守在通向主养池的栅栏门旁，望向一门之隔的“妻儿”，长时间不靠近摄食。江豚日常摄食都是将鱼整条吞下，此刻的阿福却是将口中的鱼咬碎再吐出来，弄得主养池中漂浮着大量的碎鱼肉沫，就好像“新手奶爸”迫不及待地想要给自己的孩子喂食似的。

在幼豚出生第八天，科研人员突然发现幼豚身体表面开始出现一个个泛白的斑点，像是起了水疱一样，随后破裂开来，透出里面稚嫩的皮肤。接下来几天里，小江豚体表皮肤破裂的面积越来越大，身体表面就像一件破烂的衣服，惨不忍睹。这下科研人员慌了。

难道感染了皮肤病？

曾经为了将江豚饲养成功，科研人员不知道与皮肤病打过多少次交道，深知皮肤病对江豚来说意味着什么，江豚一旦得了皮肤病，医治难度远超陆生动物。由于不清楚是因为水质原因引起病理性蜕皮，还是江豚本身生理性蜕皮，科研人员立即请来武汉大学中南医院的专家会诊。经专家判断，基本上断定为生理性蜕皮。同时通过与国外同行交流，确认江豚蜕皮是一种正常的自然现象，科研人员这才放下心来。

▲首头人工环境下繁育的长江江豚——淘淘（高宝燕　摄）

在科研人员 24 小时精心守护下，小江豚终于顺利度过危险期，迎来了满月。科研人员也为它举办了一个简单的庆祝仪式。小江豚的顺利出生成活，让国内外的目光再次聚焦到武汉白鱀豚馆。时任中国科学院副院长的陈竺院士得知小江豚顺利出生后，特地写下“江豚喜有新辈出，保育科学谱奇章”，题词祝贺。作为人工环境下出生的第一头江豚，也让朱作言院士、叶朝辉院士、刘建康院士、沈韫芬院士以及曹文宣院士等众多院士组团来白鱀豚馆“打卡”看望这个小家伙。与此同时，许多国家的研究机构得知小江豚出生，也纷纷发来贺电、贺信。时任世界自然保护联盟鲸类专家组主席蓝丁・瑞卜斯也为王丁团队发来祝贺：“希望小江豚成为环保大使，引导人们关注长江动物的保护和自然生态环境。”

人工环境下首头长江江豚成功繁育，注定让这个小江豚从小就自带明星光环，要在众人的呵护下顺利成长。满周岁时，科研人员通过媒体为它征名。自此，小江豚也终于有了正式的名字——淘淘。

光阴如白驹过隙，1 年后淘淘终于迎来了阖家团圆。为了让淘淘学习更多技能，适应群体生活，科研人员决定打开栅栏门，让阿福和阿宝进入主养池中。

晶晶不幸去世

此前为了保证晶晶能够顺利分娩，科研人员将阿宝和阿福与雌性江豚分隔开来。所有江豚合池之时，正值盛夏，也是江豚交配的季节。与雌豚分开一年多的阿宝和阿福又开始了各自追求爱情的道路。

或许是爱情的力量，抑或羡慕阿福当了爹，平日里给人感觉呆呆傻傻的阿宝，很少与同类争斗，没想到在追求爱情的时候展示了完全不同的自己，表现得非常勇猛，也颠覆了科研人员对它的固有印象。

为了争夺交配权，阿宝居然不惜与往日里的兄弟阿福决斗。“嘭！啪！”一声声闷响从水中传来，水面翻涌着巨大的波浪。胆小的江豚在水中不停跳跃。

只见阿宝与阿福两头江豚在水池中，你一个“神龙摆尾”，我一个“扫堂腿”，来回追逐，互相用尾巴抽打着对方。尾巴不够嘴来凑，甚至直接上嘴互相撕咬，来回大战数百回合，最终双方都挂了彩。阿福破了相，阿宝也没好到哪里去，尾巴和嘴巴都被阿福咬伤。

这场“决斗”持续了近1小时，让日常与江豚相处的训练员看得胆战心惊。

“从来没有见到阿宝这么勇猛过！”当时阿宝的训练员寇章兵回忆道。

两头雄性江豚的英勇表现，也再次俘获了晶晶的芳心。在后期例行的健康体检中再次发现晶晶怀孕了！这让科研人员们又一次兴奋起来，同时大家心中也打了一个大大的问号：这个胎儿的“亲爹”会是谁呢？

2007年6月2日，晶晶再次分娩，经历过一次江豚分娩的科研人员们，这次护理没有了第一次的慌乱，显得非常从容，一切都按照预案进行着。再次当母亲的晶晶，也没有了第一次的紧张感，表现得很镇定且富有经验，产后很快就开始照顾小江豚，将它紧紧护在身旁。与第一次相比，科研人员在幼豚出生的7小时后，就观察到晶晶开始正常授乳。

考虑到淘淘还小，对母豚的依赖性较强，这次分娩，科研人员将淘淘留在母亲晶晶身边，陪伴生产。看着刚出生的弟弟，已经快两周岁的淘淘表现得很好奇，甚至还有些醋意。分娩后的晶晶，注意力全部集中在新生幼豚身上，无暇顾及另外一个孩子。得不到母豚关注的淘淘，表现得极为烦躁，总是试图与新生的弟弟争抢“亲妈”，想要得到晶晶的关爱，有时候甚至用拒绝进食来表达自己的不满。

1 周后，幼豚顺利度过蜕皮期。小江豚也在一天天长大，淘淘也逐渐接受了这个新生的弟弟，晶晶带着 2 个孩子享受着母子间的温馨。科研人员仍在日日夜夜地守护，不断监测记录着母子间行为发展的变化，总结江豚的抚幼行为。看着母子仨和谐相处的画面，科研人员觉得所有的付出与艰辛都是值得的。

幼豚尚未满月，科研人员紧绷的心丝毫不敢大意。然而，幼豚没出状况，母豚晶晶却出乎所有人的意料，开始变得有些异常了。

▼白鱀豚馆内的长江江豚一家三口（高宝燕　摄）

6月底，负责照顾晶晶母子的训练员报告晶晶最近食欲开始变差，摄食也不如之前积极。这立即引起了兽医赵庆中的警觉。根据分娩护理经验，产后母豚由于授乳，摄食需求量会大大增加。此时的幼豚正处于快速生长发育阶段，正是对母乳需求最旺盛的时候，晶晶食欲应该处于最强的阶段，突然食欲下降，很不正常。

长江江豚生性敏感，尤其是产后的母豚，身体虚弱，对环境变化更为敏感，一些难以预知的环境应激因素变化都有可能对母子关系产生影响。与此同时，新生幼豚才刚刚出生20多天，还处于脆弱期，为了避免对哺乳期母子豚产生太大影响，出于谨慎，科研人员没有采取进一步的行动，只能采取加强观察等手段。

2007年7月5日，既是淘淘两岁的生日，也是白鱀豚馆创始人陈佩薰先生的生日，又恰逢新生小江豚刚刚满月。在这样一个喜庆的日子里，王丁他们一起为新生小江豚举办了一个简单的庆祝活动。陈佩薰先生为这头新生小江豚取名为“乐乐”，祈愿它健康快乐成长。

中国科学院水生生物研究所周易勇研究员还乘兴写了一首诗《我给奶奶发贺电》：

我给奶奶发贺电

奶奶您今天八十岁

我小江豚正好满两岁

总在您目光下游泳

总在您怀抱里依偎

我要端起身边的江湖

和弟弟一起敬一杯

又怕您喝醉

干脆发封贺电吧，说点悄悄话

电波的密码您全会

心里的话儿多，可年纪太小

没什么词汇

等我大学毕业了（二十二岁）

再用洋文跟您对：

Happy birthday!

遗憾的是，快乐的时光总是短暂的。4 天后，训练员报告晶晶的食欲还是没有明显改善，反而呈现进一步下降的趋势，而且身体明显消瘦下来，幼豚的身体状况也明显不如 2005 年同期的淘淘。科研人员整理比较晶晶两次分娩后 1 个月的摄食记录，发现两次分娩后的摄食量相差悬殊，足足相差 50 千克。

情况变得十分紧急。面对日渐消瘦的晶晶，王丁组织团队召开紧急会议。对于刚刚满月尚在哺乳期的母子豚，任何操作都存在无法估量的意外风险，而晶晶的身体状况又容不得等待，科研人员最终决定对晶晶进行一次健康体检。血检结果显示，晶晶出现了严重脱水和水盐代谢严重失调等现象，初步诊断为消化系统疾病。

体检后，赵庆中立即对晶晶采取了治疗手段，通过食物鱼补充部分水分和盐分，饲喂药物刺激其食欲，但是没有明显治疗效果。晶晶的食欲变得越来越差，训练员多次喂养，几乎都不怎么进食。

晶晶的情况变得越来越糟糕，急坏了所有人员。为了挽救晶晶的生命，科研人员不得不进一步采取措施，决定对晶晶进行起水治疗，灌喂营养液。然而意外却发生了，在治疗过程中，晶晶出现了明显的应激反应，呼吸短促，身体不停颤抖，刚刚灌喂下去的营养液，也被立刻呕吐出来。

“不好！”然而一切都已来不及了。

2007 年 7 月 11 日 19 时 20 分，晶晶停止了呼吸。

看着躺在海绵垫上突然停止了呼吸的晶晶，不愿放弃的赵庆中对着晶晶的呼吸孔努力地做着人工呼吸。

作为“英雄母亲”，晶晶的突然死亡，给了王丁带领的科研团队一记重锤。为了尽快弄清楚晶晶死亡的原因，当天晚上兽医赵庆中带领所有科研人员和学生，开始了解剖分析工作。

看着躺在冰冷解剖台上的晶晶，时为王丁的在读博士研究生武敏，再也绷不住情绪，眼睛里的泪珠按捺不住夺眶而出，掉落在冰冷的解剖台上。她用手轻抚着晶晶头部，低头诉说着最后的告别。这感人的一幕也被长江日报社记者高宝燕用相机捕捉下来——《痛别江豚》，后来这张照片在网上广泛流传，触动了人们心底最柔软的地方，感动着无数人。

当科研人员打开晶晶的胃部时，完全被震惊了。除了未完全消化的鱼肉和鱼骨外，竟然还有大量的油漆皮——饲养池壁的涂料！这种原本不可能出现在江豚体内的东西，此刻却出现在了江豚的前胃部中。

元凶终于找到了！

修建于 1992 年的白鱀豚馆，截至 2007 年，已经运行了 15 个年头。池水的浸泡，水中消毒剂的侵蚀，使得饲养池壁的涂料渐渐出现裂缝并破裂脱落掉入池中。这种涂料碎片最终被晶晶误食，导致其胃出血、胃溃疡、胃穿孔，造成产后食欲下降。产后晶晶为何会吞食异物？科研人员通过分

▲痛别江豚（高宝燕　摄）

析推测，可能与母豚产后哺乳造成的营养失衡有关。

面对晶晶的突然死亡，王丁他们只能暂时将悲伤的心情掩藏，因为还有 1 头嗷嗷待哺的乐乐等着他们。

刚满月的幼豚，对母豚的依赖性非常强。突然失去了妈妈的乐乐，表现出了强烈的反应，在饲养池中快速游动，躁动不安。科研人员预先安置的声学监测记录仪监测到了乐乐的持续发声探寻行为，似乎在呐喊：“妈妈，你在哪儿？”

为了减少幼豚的孤独感，科研人员决定将另外 1 头雌性江豚滢滢放入主养池中，进行陪伴。果然效果很明显，有了滢滢的陪伴，乐乐很快就平静下来。但是由于长时间的饥饿，乐乐开始试图在滢滢身上找奶吃，作为“黄花大闺女”的滢滢显然被乐乐的行为惊吓到了，开始排斥乐乐，不再与它合游。一个追，一个躲，乐乐的体力消耗很快，很难再追上滢滢。

看着一直想要吃奶的乐乐，科研人员很是心疼。由于滢滢没有乳汁，科研人员只能充当“超级奶爸”，对乐乐进行人工授乳。

幼豚的人工授乳，对于完全没有经验的王丁团队来说，又是一个极具难度的挑战。为了方便进行人工授乳，科研人员决定将幼小的乐乐转移至水较浅的治疗池进行操作。由于当时缺乏对江豚乳汁营养成分的研究，科研人员只好按照海洋公园提供的海豚人工乳配方来进行配比饲喂。

起初，科研人员将乐乐捕起放在海绵垫上进行人工授乳，但乐乐应激反应很强烈，出现尾鳍快速抽动的现象，科研人员立即停止喂乳，赶紧将它放回水中。刚回到水中的乐乐，身体游动姿势僵硬，甚至不能运动，几分钟后，才逐渐恢复正常。对江豚人工授乳的初步探索，就让所有人员惊出了一身冷汗。

既然放在岸上喂乳不可行，科研人员决定尝试在水中喂乳的方法。采取 3 人组成的“保姆团”，2 个人下水用海绵垫固定乐乐，让它身体大部分悬于水中，尽可能地不限制它的摆动，让它感觉自由轻松。再由另一个人拿奶瓶，用奶嘴轻轻触碰乐乐的吻部，并用手轻叩开它的嘴角，诱使乐乐张开嘴来进行摄乳。科研人员发现采用这种方法，乐乐表现比较平和，摄乳后游动自如。众人心里总算松了一口气：找对了喂乳方法。

渐渐地，乐乐适应了这种喂乳方式，由最开始的被动捕捉授乳，到靠近科研人员后主动张开嘴，去寻找奶嘴。直到现在，郝玉江在回忆当年喂养乐乐时，还是很动情。“人一下到池中，乐乐就游过来在人身上到处蹭，与人关系表现极为亲密。”

通过 2005 年对淘淘摄乳的观察，幼豚摄乳随机性很大，摄乳时间的长短也不一样。要想满足乐乐的能量需求，只有高频次地对它进行人工授乳，基本上最低每隔两小时就要进行一次，一天 24 小时不间断进行。

然而，科研人员日夜不停地高频次人工授乳，不断改进人工乳的配方，依旧无法满足幼豚快速生长发育所需的营养需求，乐乐日渐消瘦。到后来，科研人员发现乐乐的摄乳量又开始减少，并且出现漂浮现象，对饲养员的兴趣也开始下降，摄乳无力，身体进一步消瘦。看着乐乐消瘦的身体，科研人员很是着急，但也没有更多的办法。

7 月 22 日上午 8 时 20 分，在晶晶去世 11 天后，乐乐也平静地离开了。科研人员的艰辛努力，最终还是没能挽救这个幼小的生命。

50 天，乐乐从出生到离去，一共只存活 50 天！

科研人员通过对乐乐尸体进行解剖检查，结合生前身体状况分析，营

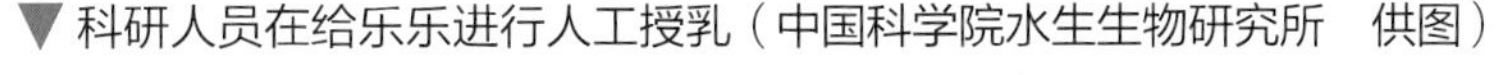
▼ 科研人员在给乐乐进行人工授乳（中国科学院水生生物研究所　供图）

养不良以及由此导致的多个器官衰竭是造成乐乐死亡的直接原因。而造成乐乐营养不良的主要原因，则是乐乐对人工乳消化吸收利用不够，人工配方乳无法满足其生长发育需要。

晶晶母子的死亡，让王丁团队的所有科研人员都陷入悲痛，也让王丁意识到江豚人工繁育研究工作还有很长的路要走，江豚母乳营养成分分析和新生幼豚护理救助等空白需要更为紧迫地去研究。

生活总是要向前看。晶晶的离去，让滢滢变成了香饽饽，成了阿宝与阿福追求的唯一对象，滢滢也终于守得云开见月明，有了爱情的果实。2008 年和 2009 年，已是“高龄产妇”的滢滢，先后生下两头小江豚。但不幸的是，滢滢的孩子均未成活：第一头幼豚生下来后不久，由于滢滢产后没有乳汁，小江豚尝试着去吃奶，滢滢却总是躲开，甚至用尾巴驱赶它。科研人员竭尽全力进行抢救，给幼豚人工授乳。但 10 多天后，小江豚最终还是去世了；第二头幼豚是个死胎，生下来就直接坠落池底。

接二连三的失败与打击，让王丁和他的团队情绪很是低落。江豚的人工繁育研究，也陷入瓶颈期。顾不上伤别离，只有不断总结失败的教训，才能为下一次的成功做好充分准备。“知识和经验还是让我们重拾信心，保护江豚仍然是充满希望的。”郝玉江如是说。

与此同时，令人感到意外的是，作为强力外援的“上门女婿”阿宝，从天鹅洲引入白鱀豚馆，被寄予了“当爹”的厚望。但科研人员通过对所有幼豚的亲子鉴定结果发现，所有出生的幼豚与阿宝均没有血缘关系，都是阿福的孩子。

阿宝啊阿宝，你的“当爹”之路怎么会这么坎坷呢？

第六章
江豚野化放归试验，是从阿宝开始的

“上门女婿”阿宝在武汉白鱀豚馆“表现不佳”，从未“当爹”。眼看着它马上步入中年，繁殖优势也在逐渐下降，老让它待在人工饲养环境终究不是办法，科研人员不得不重新为阿宝的前途考虑了……

为阿宝精心打造的“回家之路”

从 2004 年引进“上门女婿”阿宝来到白鱀豚馆之后，近 7 年的时间里，白鱀豚馆的江豚繁育先后有过多次，但从亲子鉴定结果来看，无一例外，阿宝从来没有参与过繁殖，从未“当爹”。

直到 2011 年 2 月，阿福总是先后垄断着与晶晶和滢滢亲近的权力。阿宝则一直遭到后两者的排斥，往往小心翼翼地尝试接近后被断然拒绝，又只能怯怯地躲开。大多数时间里，它和淘淘混迹在一起，二者有时的亲密程度甚至超过了淘淘和“亲爹”阿福这对亲生父子。阿宝是不是自认要当淘淘的“干爹”了？看着这幅场景，大家不禁感叹：“这个阿宝算是废了！”

“阿宝难道真的不行？”这也在从事多年江豚繁育保护研究工作的科研人员心里，画上了一个大大的问号。

2008年至2009年期间，时为王丁的在读博士研究生吴海萍，通过B超等技术手段对白鱀豚馆饲养的两头雄性江豚的性腺发育及血清睾酮激素水平进行了周年监测。阿宝的性腺，并没有表现出任何异常。对比两头成年雄性江豚阿宝和阿福，在3—4月和6—9月期间的交配次数均比其他月份要高，但阿宝的交配频次却比阿福的要低。

是什么导致这一结果呢？科研人员也无法给出确切的结论。分析推测，在江豚中可能也存在社会等级关系。自从2007年经历与阿福那次“决斗”之后，阿宝仿佛受到了阿福的压制，在社群结构中处于劣势地位，繁殖季节失去了与雌性江豚的交配权。

此时已经13岁的阿宝，正慢慢进入中年，繁殖优势逐渐下降，老是让它待在人工饲养环境下终究不是办法，科研人员不得不重新为阿宝的前途考虑。

当时随着迁地保护和人工繁育技术的逐步发展，迁地和人工繁育群体的规模日益壮大，在长江环境得到重大改善的情况下，不排除将人工饲养和迁地保护区中的动物释放到它们原本的栖息地中。王丁带领的研究团队开始布局下一场更大的行动，那就是动物的野化放归，这才是野生动物迁地保护的终极目标。

动物的野化放归，从来都面临着极大的挑战。放眼全球，动物野化放归的成功例子很少，在鲸类中更是罕见。当时，在鲸类的释放实践中，还没有一套操作标准，而之前许多相关实践所取得的效果都不太理想。但王丁带领的研究团队终究要走出这一步，新的使命又再次落到阿宝身上。

将阿宝直接放到天鹅洲故道如何？毕竟那是它曾经熟悉的地方。这种想法不无道理，但风险也挺大，要知道阿宝已经离开天鹅洲故道近 7 年，那里的情况多少还是有变化，谁也不敢将任何 1 头江豚就此一放了之。

通常情况下，科学界对动物的释放分为硬释放和软释放 2 种：前者是将动物直接释放到适合它们生存的地方，然后让其自主地活动；后者则是指人们在动物释放前对其进行适应性驯化，从而通过一个渐进的过程让它们适应环境。相比之下，软释放的成功率更高，更人性化，也更受到青睐。

本着对阿宝负责的态度，王丁他们选择了后者，对阿宝进行软释放。即在最终放归到故道前，设置多重过渡，保证阿宝有一个充分的适应过程。为此，科研人员经过长时间的筹备，多方考量，为阿宝精心打造了一条“回家之路”：第一阶段在全人工环境中将阿宝单独饲养，并对其软释放潜力进行评估；第二阶段在半自然水域天鹅洲故道人工网箱中暂养，对软释放个体开展第一次捕食能力训练和观察；第三阶段在天鹅洲故道构建活动范围更大的围栏，对软释放个体开展第二次捕食能力训练和观察；第四阶段打开围网，让阿宝彻底回到天鹅洲故道，并在故道开放水域对阿宝进行跟踪监测，评估释放结果。

阿宝的“经济适用房”和“大院别墅”

时间转眼来到 2011 年，已经在人工环境下生活了近 7 年的阿宝，经过科学驯化早已习惯了人工喂养模式，日常摄食主要以冰冻饵料鱼为主，而要想在野外自然水域生存，就只能靠自己捕食。因此要想野化释放成功，就不得不对阿宝进行逆向训练，重新构建阿宝捕食活鱼的能力以及向摄食饵料多样性转化。

3月6日，科研人员将阿宝转移到“豪华大单间”——繁殖厅，开始单独饲养，由训练员对它进行捕食行为训练和食谱转化适应性训练。习惯了人工喂养的阿宝，一到饭点就会准时在池边翘首以待，静静地等候训练员前来喂食。

为了改变阿宝的摄食习惯，训练员不再进行手喂，改由向池中投喂阿宝日常摄食的冰冻鲫鱼，以及专门从市场上买来刚死亡的麦穗鱼和活鲫鱼，让阿宝自己主动去捡食死鱼和捕捉活鱼。通过观察发现，起初阿宝不喜欢摄食麦穗鱼，但兴趣总是可以培养的，它最终还是爱上了这道“菜”。在面对突如其来的鲜活鲫鱼时，阿宝起初表现得也比较谨慎，只会进行试探。随着驯化过程的推进，渐渐地阿宝对活鱼也表现出了较高的兴趣，会去追逐、进食活鱼。经过1个多月的驯化，阿宝顺利完成了从人工手喂冰冻鲫鱼向投喂冰冻鱼、新鲜的杂鱼以及活鱼的过渡，其游泳、呼吸行为也正常，甚至还表现出了明显的玩耍行为。经过科研人员评估，认为阿宝初步具备了软释放的可能。

4月9日上午，科研人员在对阿宝进行体检过后，就将它转移到特制的水箱中，装进运输车辆。一切准备就绪，随着一声声鸣笛，汽车缓缓开动，就像是阿宝在对陪伴已久的小伙伴们做最后的告别。随后，汽车载着阿宝前往那阔别已久的故里——美丽的天鹅洲故道。一路上科研人员也不敢有丝毫松懈，不停地监测着阿宝的状态，每隔几分钟还要让它稚嫩的皮肤“喝上”几舀子水。经过4个小时的长途跋涉，阿宝终于回到了阔别已久的故里。

回到故里的阿宝，受到了家乡人民的热烈欢迎。大家立刻用“四抬大轿”将阿宝从车上抬下，在众人的簇拥下，一路将它送到天鹅洲故道的人工网箱中。阿宝不知道的是，网箱中还有一位“神秘嘉宾”在等着它。

▲ 天鹅洲故道的人工网箱（湖北长江天鹅洲白鱀豚国家级自然保护区　供图）

为了增强本次软释放的效果，科研人员提前规划，将 1 头叫“洲洲”的雄性长江江豚“请过来”陪伴阿宝。洲洲当时的体长约 1.4 米，体重约 39 千克，年龄约 5 岁。它是 2008 年 4 月天鹅洲故道遭受冰冻灾害袭击后被救护的个体。在阿宝到来之前，洲洲已经在故道网箱中生活了 3 年时间，对网箱内外的环境比较熟悉，平时它主要吃饲养员投喂的刚死亡的鱼，饲养员有时也会利用业余时间捕捉一些进入网箱的小鱼给洲洲“开小灶”和“打牙祭”。因此，洲洲的引入可以帮助阿宝较快适应网箱生活。

刚刚从室内“豪华单间”搬入故道“经济适用房”的阿宝，游泳姿势看起来不是很协调，就像人长途旅行坐车久了一样，出现“脚麻”的感觉。科研人员丝毫不敢大意，守候在网箱边上，紧紧盯着阿宝，一旦出现意外准备随时救援。好在 10 多分钟后，阿宝身体舒展开来，游泳姿势慢慢恢复了正常。真是虚惊一场。

从阿宝进入网箱暂养的那一刻起，整个野化释放项目就进入第二阶段。捕食能力强化训练和营养补充是此阶段的核心工作，也是重点监测工作。野化训练是一场科学战、持久战，为了更好地完成这项科研任务，时为在读研究生的先义杰与王士勇被安排留在了天鹅洲，负责阿宝的后期野化训练。

与在白鱀豚馆生活不同的是，在天鹅洲网箱中，阿宝的伙食标准大大提高，说是饕餮盛宴都不为过。之前的“城市生活”由于条件限制，阿宝只能吃到单一的冰冻鲫鱼。回到故乡后，家乡人民拿出十二分的热情来招待，不仅有鲫鱼可以吃，还有刚死亡不久的野杂鱼在等着它。但伙食的突然变好，可能会让阿宝的身体扛不住，容易产生消化道疾病。因此，科研人员为阿宝制定了严格的食谱，以保证它的身体健康。在每天早、中、晚三餐次捕食训练中，先义杰每餐给阿宝准备 1 千克饵料鱼，其中 500 克是刚死亡不久但新鲜的野杂鱼，另外 500 克则从冰冻鱼逐渐过渡到鲫鱼。

为了既能保证阿宝的日常能量摄入，又能训练阿宝捕食活鱼能力，科研人员最初使用的是刚死亡不久的鲫鱼，随着时间的推移，逐步过渡到活动能力渐次增强的鲫鱼。为了控制鲫鱼的活动能力，先义杰与王士勇当时想到了一个土办法，那就是分阶段将活鲫鱼的尾鳍全部剪去、剪去 2/3、剪去 1/3、保持完整。训练时，将鱼抛到阿宝或洲洲的前方，随着时间一天天地过去，鱼的落点和它们的距离逐渐从 0.5 米增加到了 3 米。

经过一段时间训练，阿宝和洲洲都能熟练地捕捉先义杰他们投喂的各种饵料鱼，阿宝还常常快速迅猛地越过洲洲，将鱼据为己有。所谓技多不压身，洲洲凭借之前积累的经验，从网箱中捕捉到一些自由活动的野生鱼，也没让自己饿着。但是在整个网箱饲养阶段，科研人员始终没有发现阿宝捕食野生鱼的行为。

野外江豚大多是小群体聚集，阿宝能不能再次融入野外群体中，谁也不知道。为获取阿宝和洲洲在网箱中相处情况，评估释放个体状况，先义杰他们每天还要对网箱中两头江豚的水面行为进行长时间的连续监测。

100 平方米的网箱，客观上增加了阿宝和洲洲互动的机会。两头江豚在一起游动时，洲洲更多时候主动向阿宝靠近，较多充当“东道主”的角色，就像是在欢迎阿宝回家一样，带领阿宝熟悉着水域环境。有时洲洲也会对阿宝发起“交配”行为，从而体现自身的存在感。回到故乡的阿宝，仿佛解放了被阿福压抑的天性，面对洲洲的“秀肌肉”，阿宝更加强悍，它会咬洲洲几口，且性格也相对独立，有时会自娱自乐地玩水面的其他物体，就像是在向洲洲“炫耀”自己在白鱀豚馆中学会的技能，仿佛是在告诉洲洲：不像你个“土包子”，咱可是见过世面的！

“这还是印象中的阿宝吗？”先义杰通过长时间的监测后,在心中感叹道。

回到故里的阿宝，开启了“社交达人”模式，并不满足于与同网箱的洲洲交流。在阿宝和洲洲生活不远处的网箱里，饲养有另外 3 头长江江豚。阿宝经常会在对侧网箱附近停留和漂浮，仿佛在与它们“拉家常”，絮叨着过往，交流着自己的所见所闻，估计时不时吹嘘一下“兄弟我当年在武汉的时候……”

在人工环境下生活了近 7 年的阿宝，早已与科研人员建立起了深厚的感情，习惯与人互动。在网箱训练期间，阿宝经常会主动靠近科研人员，并将头抬出水面，望着不远处正在监测的先义杰 2 人，想要与他们玩耍。看着时常张望的阿宝，2 人纵使心中不舍，但为了培养它的野性，也只能故作“冷脸”，硬起心肠，拒绝它的好意。

经过半个月的网箱暂养，在洲洲的陪伴下，阿宝很快适应了网箱生活，并学会了不少技能。4 月 23 日，科研人员对阿宝和洲洲进行体检，评估它们的身体健康状况，决定是否开展下一阶段野化训练。体检结果显示，二者身体表面无创伤，性腺发育较好，生理总体处于正常状态。

阿宝和洲洲完成体检后，随即被转移到保护区工作人员在故道中提前修建的 1 万平方米的大型围网里。如果说 100 平方米的网箱是“经济适用房”，那么 1 万平方米的大型围网可以称得上是“大院别墅”了，在这里阿宝和洲洲将接受放归前的最后训练。

能不能最终回归到天鹅洲故道中去，就要看阿宝和洲洲在围网中的表现。在此阶段，科研人员每天只进行早晚两次捕食训练，权当是阿宝和洲洲的能量“补给站”，更多时候是要让阿宝和洲洲学会自己捕鱼，锻炼它们的野外生存能力。进入围网后的洲洲，已经明显不屑于“饭来张口”的生活，它对投喂的各种饵料鱼的兴趣急剧降低，偶尔会靠近科研人员摄食一两条鱼，大多时候在几十米开外自行捕鱼或进行其他活动。相比之下，阿宝对人工投喂的依赖性较大，但摄食量变化不定，有时一顿吃完 1 千克鱼，有时完全无动于衷。更多时候，它仅仅是游到科研人员附近活动几分钟后就离开了，可能知道自己将要被放归，更多的是借此表达一下对老朋友的不舍吧。

随着训练过程的推进，科研人员还观察到阿宝和洲洲会合作捕鱼。鱼儿被它们追得四处逃窜，甚至跳出水面，俨然一幅“豚欢鱼跃”的美好画面。为了进一步确认围网里野生鱼类的状况，天鹅洲保护区 5 月 5 日在围网附近相似的水域开展了一次渔业资源调查，共捕获了17种小型鱼类，它们大部分都是江豚喜欢的食物。科研人员据此推算，在近1万平方米的围网内，阿宝和洲洲的原生态食物经常超过6千克，完全可以满足阿宝和洲洲的摄食需求。

在“大院别墅”内，阿宝表现得更加悠然自得，有时会独自漫游或者翻个身、露露尾鳍，偶尔还会和洲洲碰碰头。与前期“经济适用房”的网箱生活相比，当时是洲洲带领着阿宝重新熟悉家乡的“味道”，适应野外水域环境。现在却变成了作为长辈的阿宝，带领着洲洲经常一起活动，巡视着自己居住的水中“大院别墅”了。科研人员在监测中发现，在故道中，分别有1头和2头成年的长江江豚“前来造访”，在围网附近活动。虽然没有明显观察到阿宝与它们有互动行为，但不排除它们之间已经悄悄“打了招呼”。

经过近1个月的围栏野化训练，阿宝和洲洲的生活技能越来越娴熟，捕食活鱼时迅猛有力，水面常常被激起很大的波纹。5月20日，为了检验阿宝和洲洲近1个月的“学习效果”，王丁带领团队对它们进行了野化放归前的最后一次身体健康检查。躺在体检平台上的阿宝，还是一如既往地配合着科研人员，不挣扎不闹腾，只不过这次眼角莫名地流下了一滴“眼泪”。这一幕，恰巧又被跟踪采访的长江日报社记者高宝燕抓拍下来，被新华社以《“哭泣”的江豚》为题发布，在网上广泛传播。人们惊呼：江豚哭了！不知道“哭泣”的阿宝，是不是真的在通过这种方式，表达自己的感激和不舍？

旱灾成了阿宝回家的“拦路虎”

就在阿宝野化训练进行到最后的关键阶段，一场天灾引发的人祸，让

▲“哭泣”的江豚（高宝燕　摄）

天鹅洲故道包括阿宝在内的所有江豚都面临着生死考验，也让阿宝的回家之路变得更加坎坷。

2011 年春夏之际，长江中游地区遭遇了数十年一遇的极端干旱天气，长江及周边水体的水位不断下降，与长江隔断的天鹅洲故道表现得更为明显。进入 5 月以来，持续的干旱让天鹅洲故道水位骤降。相对于往年来说，故道水位下降了 4 米，整个保护区水面也由以前的 3 万亩下降到了 1 万多亩。原本 21 千米长的故道，当时有水的江段不到 10 千米，故道的平均水深也不超过 5 米，还不到以往水深的 1/3，达到了历史最低水平。

严重的旱情，不仅使天鹅洲故道内的水位急剧下降，而且还影响了当地群众的生活用水和农业灌溉用水。放眼望去，成片成片干涸的田地已经裂口，就像嗷嗷待哺的孩子一样张着大口等水喝。没有水，数十万亩水稻和棉花将会干死，故道周边数以万计农民就会颗粒无收。而从长江取水的距离约 10 千米，于是村民们就盯上了只有两三千米远的天鹅洲故道。

为了抗旱保收，从 5 月 15 日开始，天鹅洲保护区附近监利县两个村镇的村民运来了电机、水泵和长长的水管，在故道边上架起多台大功率的抽水机，日夜不断地从故道中抽水抗旱。起初，保护区并没有强行阻止周

▲干旱使得长江水位骤降（中国科学院水生生物研究所 供图）

边群众取水，但随着旱情的加剧，天鹅洲故道内的水越来越少，村民们每天约 40 万立方米的抽水量，让天鹅洲故道水位每天下降近 20 厘米。很快故道湿地的水草露出来了，故道湿地的淤泥露出来了，20 千米的故道严重“缩水”了。

“如果再抽下去，将会影响故道内江豚的生命安全！”眼看故道中的 30 多头江豚的生存空间越来越局促，天鹅洲保护区的领导们坐不住了，设法阻止村民从故道中继续抽水，要为江豚守护这最后的一湾浅水。

保护区当即向上级主管部门报告，一方面，希望周边乡镇停止在保护区内开渠抽水的行为；另一方面，希望政府加大投入，组织机械从长江引水到天鹅洲故道，补充故道因抽水抗旱损失的水量，从而实现动物保护和农民生产生活用水都能得到保障的良好局面，让人和江豚都能在大旱之下生存下去。荆州市防汛抗旱指挥部很快同意并发文要求当地有关部门遵照建议执行，立即停止取水。

马上就要真正回家的阿宝，此刻正在大围栏中接受着最后的训练，似乎没有感觉到外面的紧张气氛。阿宝能感受到的是，能够自由游弋的水体越来越浅，能吃到的鱼也越来越少。

人豚争水发生后，王丁感觉自己心里难受。故道里的江豚，包括阿宝它们生活的家园一旦大量失水，长江豚类保护唯一的“桃花源”将毁于一旦，那可是凝聚了几代人心血的成果啊！为了故道里的这些江豚，王丁当面强硬要求当地政府必须加大力度从长江往故道补水。在多方奔走下，国家部委和湖北省政府设法调配水源，加上天气转入雨季，故道水资源紧缺情况得到缓解。

阿宝恋恋不舍地离开

2011年6月1日下午，来自多家单位的代表齐聚天鹅洲保护区，共同见证阿宝和洲洲的“归家”时刻。

“打开围网！”

一声令下，工作人员将西侧围网拆除后，阿宝和洲洲回家的路正式疏通。望着回家的“大门”，不知道是近乡情更怯，还是感觉那道藩篱还无形地存在，阿宝和洲洲先是聚集在一个角落活动了10分钟左右，才勇敢地迈出了第一步，冲出围栏。让人惊讶的是，阿宝游了一段距离后，似乎想起什么，又转身游进围栏转了一圈，依依不舍地环视这个家园。最终，它还是离开了围栏。几次出水后，阿宝终于消失在人们的视线之中。

望着阿宝消失的身影，王丁他们站在船上，久久不愿离去……

不同于陆生动物的野化放归，人们可以在放归动物身上安装无线电发射器或做体表标记，持续跟踪监测野化放归后的动物状况，评估释放效果。江豚生活在水中，体表光滑、无背鳍的身体结构特征，导致现有的动物跟踪技术还难以在江豚身上实现。科研人员多年来一直尝试各种个体跟踪方法，曾经在围网中采用吸盘的方式为阿宝和洲洲附上声学跟踪器，但发现它们很快就将其蹭掉，仪器上还残留有一层表皮。为了江豚的安全起见，王丁他们最终在放归时放弃了这一尝试。不过在放归前，科研人员给阿宝安装了永久性的PIT芯片，芯片号码尾数为4448，这就是它的电子身份证，也是日后科研人员与它相认的凭证。

鉴于软释放后的动物必须开展合理的存活状况评估，王丁带领团队只能采取最“笨”的方法，每天沿着10多千米长的故道反复巡查，利用裸眼和望远镜相结合的方式，观察故道内江豚群体的活动规律。根据以往监测经验，如果阿宝和洲洲在此期间发病，那么活动行为将出现异常，例如游泳缓慢、姿势不稳、脱离群体之类；如果死亡，江豚身体将会因体内的脏器腐败充气而浮出水面，甚至被水流冲到岸边而被观察到。

幸运的是，在近 1 个月的监测时间里，故道内江豚群体的活动一切正常。保护区管理人员随后几个月的观察也得出了同一结论，可以推断阿宝和洲洲已经成功回归了家乡。换句话说，江豚的野化放归，获得了初步成功！

第七章 重逢阿宝和永别阿福

回归家乡的阿宝，可以说是“一叶浮萍归大海”，从此身影难觅寻。作为科研人员的老朋友，阿宝被野化放归后，仍然常常被科研人员记挂在心。但阿宝与科研人员的缘分，从未断绝，“人生何处不相逢”，4 年后他们又再次相遇了……

久别重逢的喜悦

一晃 4 年过去了。

在人工环境下生活了近 7 年的阿宝，被科研人员软释放回归到家乡，大家本以为阿宝的故事就到此结束了。但是，阿宝与科研人员之间的缘分，使得故事仍在继续……

2015 年冬，受湖北长江天鹅洲故道白鱀豚国家级自然保护区的委托，中国科学院水生生物研究所作为技术支撑单位，对天鹅洲故道里的江豚进行了一次全面的种群普查，以摸清天鹅洲故道的江豚生存状况。这无疑是一次完美的契机，也勾起了科研人员对老朋友——阿宝的牵挂。

“阿宝还好吗？它现在有自己的新家庭了吗？我们还能再见到它吗？”科研人员对这次天鹅洲故道江豚种群普查充满了期待，但心里更多的是忐忑与担心——不知道这次普查还能不能再见到阿宝。

是啊，回到故里的阿宝，多年来一点儿消息都没有！按照时间推算，截至 2015 年，阿宝的年龄已到十八九岁，在整个江豚家族中已经算是老龄豚了。

经过漫长的筹备工作，王丁带领师生一行近 30 人的庞大队伍，浩浩荡荡地奔赴荆州石首天鹅洲故道。除了期待与老朋友阿宝的相遇之外，这个历经 20 多年建设发展的天鹅洲故道内到底有多少头江豚，也成了科研人员心中最关心的问题。

初冬的风，已有几分寒意。原本冷清的天鹅洲故道，也因众多科研人员的到来，瞬间变得热闹了起来。11 月 20 日，这一天的捕豚体检工作正和往日一样，顺利地进行着。当第八头江豚顺利起水，被工作人员抬到趸船上的“体检中心”时，由于这头江豚个子比较大，最大的担架布都兜不住它的身体，而尾部上一个熟悉的瘢痕立即引起了科研人员的注意。难道是阿宝？因为阿宝在白鱀豚馆生活时，尾部因受伤而留下了一道瘢痕，这也成了科研人员在体检时格外注意的一点。

怀着内心的疑问，科研人员通过扫描仪扫描，芯片号码尾数显示为“4448”！

哈哈！它就是阿宝！大家日思夜想的阿宝！老友重逢，大家异常兴奋，人人奔走相告。分别 4 年，今天终于又再次相见了！

科研人员立即对阿宝进行了身体测量、称重、抽血、采集粪便、呼吸

▲王丁（右一）、王克雄（左一）和郝玉江（中）在天鹅洲故道重逢阿宝（高宝燕　摄）

道采样及超声检查。在人工环境下生活了近 7 年的阿宝，不知体验过多少次这套操作。这一标准的“体检套餐”，也许勾起了阿宝在人工环境下生活的回忆，整个过程中阿宝并不像其他江豚那样挣扎，反倒是十分配合。

和 4 年前相比，阿宝的体重几乎没什么变化——46.8 千克，体长 153 厘米。与阿宝的久别重逢，也让一天枯燥繁忙的体检工作变得轻松愉悦起来。体检完后，王丁、王克雄、郝玉江开心地与阿宝留下亲密的老友合照。

普查间隙，望着天鹅洲故道的美景、眼前的江豚，王克雄忍不住赋诗道："辞别喧嚣看豚去，又是银杏叶黄时。雨中更念湖边景，人倚栏杆日斜迟。"诗作代表了大家心中的那份欢喜。

作别了天鹅洲故道，科研人员又返回了武汉。此次天鹅洲故道种群普查的结果喜人，加上与老友阿宝重逢的欢喜，让他们兴奋了好一阵子。

只是不知道，阿宝与老友们的重逢，会不会也让它想起曾经一起在白鱀豚馆生活的"老伙计"阿福呢？

别了，阿福！

2016年春节，大家沉浸在过年的气氛中，欢聚一堂，畅谈人生趣事。

白鱀豚馆里也没了往日的人来人往，藏不住的冷清裹着偌大的园地。饲养大厅内的6头江豚在水池中欢畅地游动，"噗嗤"的呼吸声与水流声奏响了新年的乐曲。为了照顾这些国宝江豚的日常起居，春节期间王致远、郭洪斌、邓正宇三名训练员主动选择留守下来，保障白鱀豚馆的正常运作。

白鱀豚馆江豚训练团队平时的4名专职江豚训练员，在这个春节期间显得有些捉襟见肘。因为作为训练主管的王超群在春节期间主动请缨，前往石首天鹅洲保护区，负责协助照顾网箱中的实验江豚。

2月11日早上8时30分，训练团队按照往常一样给这些江豚精心挑选饵料鱼饲喂。作为江豚群体中年龄最大的阿福，突然开始拒绝进食，甚至躲避日常与之相伴的责任训练员郭洪斌。经过长时间的努力召唤后，阿福依旧不靠近摄食，无奈只好暂时放弃喂养。放心不下的郭洪斌守候在池边静静地观察着阿福的状态，只见阿福沉浸在自己的世界里，独自在池中缓慢地游动，未见其他异常行为。"或许早上只是单纯的食欲不好，不想进食吧！"郭洪斌这样安慰自己。

▲江豚阿福（中国科学院水生生物研究所　供图）

第二餐喂养时，想着早上没有摄食的阿福此餐次肯定会食欲大增。然而在其他 5 头江豚都已完成进食后，阿福依旧不靠近摄食。无奈的郭洪斌只好改变喂养方式，采取投喂的方法，将鱼抛投至阿福身边，让其自主捡食。20 分钟过去了，阿福也仅捡食了两三条小鱼。

正常情况下，冬季水温较低，江豚食欲比较旺盛，摄食需求量会大大增加，以便快速囤积身体皮下脂肪用来抵御寒冷，维持正常生命活动。作为一头在人工环境下饲养近 20 年的老年江豚，此前几日监测记录阿福状态一直表现良好，虽然摄食时间较其他江豚相比略微延长，但每天仍然可进食 3.6 千克；与人关系也较为和谐，积极配合完成各项医疗训练。此刻突然连续两餐都不进食的阿福，让春节留守在馆的 3 名训练员不由得担心起来，当即向远在河北石家庄过年的郝玉江汇报了阿福的状况。

郝玉江当即指示要对阿福加强监测，关注阿福的行为变化。为了使阿福进食，训练团队经过商议决定对阿福增加喂养餐次、延长喂养时间，改换较小的饵料鱼以及改变饲喂方式，同时在副养池中增加环境丰容。

1天过去了，阿福的喂养餐次由日常的4餐次增加至7餐次，夜间补喂2餐次，单餐饲喂时间也延长1倍。然而阿福每餐次只进食几条小鱼，大多数时间自己单独环游，也不与其他江豚互动，偶尔下沉水底缓慢游动，拒绝人员靠近接触。与阿福最亲密的郭洪斌，始终放心不下阿福，当天一直在场馆内监测阿福状态，守候至深夜，观察阿福没有其他异常行为才返回休息。

“阿福是老年豚，观察到只进食小鱼，难道食道存在问题？”作为白鱀豚馆的一名老训练员，王致远心中暗忖道，并提议改用小银鱼喂养试试看。

“噗通！噗通！”一条条小银鱼时不时砸落在水面上。第二天，为了让阿福能够尽快恢复摄食，3名训练员分别站在水池的3个不同方位，看到阿福游到各自附近时，立即向阿福头部前方投出手中的饵料鱼，希望3人同时投喂能增加阿福进食的概率。但看着落在嘴边的饵料鱼，阿福几乎都是径直地游过去，仿佛没有看到一样。

20分钟过去了，阿福终于开口摄食了100克小银鱼，这与日常单餐次摄食近1千克的饵料鱼相比，这100克小银鱼显然只够它“塞牙缝”。经过3人多餐次的同时投喂、改换小银鱼、增加环境丰容等，阿福的状态依旧没有任何改变，仍然独自在水池中环游，躲避与人接触。3名训练员的心顿时紧张了起来，经过商议，决定开始轮流夜间通宵值班，监测阿福的行为变化。

2月12日晚8时，两日来一直担心阿福状态的郭洪斌，由于前天夜间监测太晚，身体感到不适，就提前回到宿舍休息调整，并求助邓正宇前去换班接替。接到求助信息的邓正宇，立即从宿舍奔赴饲养大厅。

窗外昏暗的城市灯光，透过饲养大厅的玻璃幕墙，在漆黑的饲养大厅内照出一丝丝光亮。水面上时不时闪烁出几个小脑袋，呼吸着新鲜的空气。生活在白鳖豚馆的这些江豚像人一样，有着规律的生活习惯，它们也早已习惯了夜间黑暗的生活，突然的光照会刺激到这些江豚，改变它们的生活习性。因此夜间对阿福的监测，只能在不干扰其他江豚的情况下进行。

此时，刚入职半年的邓正宇借着昏暗的光亮，在水面努力搜寻着阿福的身影。看着时不时出水呼吸的几个身影，在池边观察的邓正宇居然一直未能发现阿福！他立即跑到地下负一层的观察间，透过水下玻璃观察窗，借着昏暗的亮光，隐隐约约见到一个身影在池底随着底部水流转动，他以为阿福是在缓慢游动休息，但是再一看，发现阿福长时间没有出水呼吸。

“致远，快！阿福沉底了！”意识到情况不妙的邓正宇马上拿起电话向王致远求助。

接到电话的王致远从宿舍一路快跑到饲养大厅，来到了地下观察间，观察确认阿福已经死亡，他嘱咐邓正宇做好安全措施，准备随时下水打捞阿福的尸体。

海洋馆鲸类动物养殖水温常年控制在 20℃左右，与大多数海洋馆不同的是，江豚饲养水温不是恒温的，此时冬季水温只有 13℃左右。顾不得寒冷的王致远脱下厚厚的冬装，穿上泳裤，跳进冰冷的池水中，待身体适应水温后，直接潜入池底抱住阿福，然后向手握安全杆的邓正宇发出信号，示意可以拉杆出水。接到消息的郭洪斌顾不上身体不适，此时也赶到了现场，与邓正宇一起将王致远和阿福一道拉出水面，并将阿福抬上岸边。

从水底打捞上岸才发现，在冰冷的池水浸泡下，阿福身体已经略微僵硬，尾鳍轻微上翘，下压困难，嘴巴张开，吻部尖端有破损出血的现象。阿福的突然死亡，让在馆值班的 3 名训练员措手不及。

“郝老师，阿福死了！”郭洪斌怀着沉痛的心情，向郝玉江汇报着阿福的噩耗。

“什么？这么突然？”尽管之前早有预感，但郝玉江的声音里充满着震惊与意外。

“其他江豚怎么样，目前有什么异常没有？”阿福的突然死亡，让郝玉江的声音不由得急迫起来，一连串的询问隔着屏幕迎面扑来，压抑的气氛顿时笼罩着在场的 3 人。

“大家不要急，把阿福的尸体保存好，我马上回来。”郝玉江感觉到了大家的紧张情绪，安抚道。

为了尽快弄清楚阿福死亡的原因，郝玉江决定提前结束休假返回武汉，对阿福进行尸检解剖。

作为春节留汉值班的领导，当晚王克雄在接到阿福死亡的消息后，立刻从家中赶赴白鱀豚馆，召集 3 名训练员主持善后工作。当即部署：一是阿福尸体解剖，须由郝玉江、赵庆中、郑劲松等三人中至少两人在场时进行，采集器官样本送检，确定死亡原因，尸体现暂时冷藏于解剖室，预计于 14 日进行尸检；二是加强其余 5 头江豚观察，做好详细记录；三是加强参观人员管理，对未经预约的外来人员暂停接待。

为了确定阿福的准确死亡时间，还原阿福生前最后时刻到底发生了什么，3 名训练员连夜通过视频监控回放进行查找。由于视频监控夜间自动采用红外补光模式拍摄记录，视野画面区域一部分是清晰可见的亮光区域，一部分是模糊不清的暗光区域，为了不错过任何细节，3名训练员坐在屏幕面前，眼睛死死盯着画面上的一举一动，记录着所有江豚的行为。

“快看，这是不是阿福？”

只见画面显示当天夜间20时19分时，阿福漂浮在通往主养池的通道口处，像是在与主养池中的3头雌性江豚窃窃私语，突然上半身跃出水面，身体倒向通道栅栏门方向从而撞上铁闸门，紧接着又撞击到旁边的池壁上，随后头部连续甩动多次后，身体便不再挣扎，随着水流漂动慢慢沉入水中，便再也看不到有阿福出水的身影了。

看完监控回放，3名训练员沉默良久，谁也没有想到阿福最后是以这样的方式离开的。同时大家心中又升起一个疑问：阿福为什么会突然撞向栅栏门？

自杀？江豚会有自杀行为？

一个荒诞的想法瞬间在脑海中蔓延。自然界中，有许多野生动物或人类豢养的宠物，在年老将死之际，会突然脱离群体，或疏离自己的主人，躲在一个不为人知的角落里等待最后的时刻，安静地离去，抑或在无法忍受伤痛折磨时选择自杀，结束自己的痛苦。

在科学面前，一切猜想都只能是猜想。为了尽快确定阿福死亡原因，郝玉江提前结束了休假，急匆匆地返回武汉，召集人员，着手对阿福进行尸检解剖。

2月15日早上9点，郝玉江带领万晓玲一行4人正式开始对阿福尸体进行解剖。冰冷的解剖台上，早已提前从冷藏柜中取出的阿福尸体静静地躺在上面，望着朝夕相伴十几年的老伙计，郝玉江内心五味杂陈。

“我们大家一起为阿福默哀1分钟吧！”郝玉江开口说道。

郝玉江的提议，瞬间得到所有人的支持。在郝玉江的带领下，大家面对阿福低头静立，默默表达对阿福的哀思。

时间一秒一秒地流逝，每个人心中都不禁闪现自己初见阿福的场景，回忆着与阿福的故事。

默哀结束，解剖工作正式开始。郝玉江带领几人一直忙碌到下午 2 点，历时 5 个小时终于完成了解剖采样工作。

根据尸检解剖及组织切片鉴定结果，阿福食道无划伤；前胃及主胃仅存有少量食糜，无特殊异味，且胃部完整；肠道内基本无内容物；肝脏、心脏、肾脏也均未见病理性损伤；右肺前部为粉色，表面有少量黑斑，右肺下部及左肺大部分呈黑色，切开后有大量黑色血液流出，并伴有少量气泡；挤压后有大量气泡随血液流出。根据解剖结果，基本可以判定，阿福属于自然衰老死亡。

已经接近 22 岁高龄的阿福，身体功能早已不复当年，由于长时间拒绝进食，游泳能力、呼吸能力均变弱，可能头部还未完全露出水面时呼吸孔已经打开，导致呛水，处于紧张状态使身体倒向栅栏门方向，撞到头部，大脑受到刺激的状态下，下意识地摆动后又撞到旁边的池壁上，所以会呈现视频监控中出现的画面。最后，头部连续甩动多次后，沉入水底，最终死亡。

科研人员还沉浸在与阿宝久别重逢的喜悦中，作为老伙计的阿福却在新年里突然离去，让所有科研人员都始料未及。作为目前人工环境下饲养时间最长、存活最久的 1 头江豚，阿福的一生留在了白鳖豚馆，奉献给了人类科研事业。

第八章

3 头幼豚带来的喜与悲

2017 年孟夏的阳光，柔软又温暖，透过白鱀豚馆饲养大厅的玻璃幕墙，洒向江豚饲养池中，一股恋爱的甜蜜感顿时溢满 1000 立方米的水池。水池中的两头雄性江豚淘淘和多多，正向着自己心仪的对象发动着猛烈的爱情攻势。面对两头雄性江豚炙热的追求，白鱀豚馆里的 3 头雌性江豚洋洋、福七、福九，全部沦陷了……

三喜临门也会有烦恼

“向后一点儿，慢……慢，对，就是这里，有啦！”B 超屏幕前，在技术人员的指引下，王超群操作着 B 超探头正在对福七进行身体检查。

“福七怀孕啦！”大家盯着 B 超影像一边复看，一边高兴地叫道。

2017 年 8 月 13 日，通过 B 超确诊福七怀孕。既然福七怀孕了，那么洋洋和福九是否也怀孕了？当天由于另外两头雌性江豚训练状态不佳，并未获得清晰的影像。另外两头江豚是否怀孕在训练员们的心里留下了一个大大的问号。接下来的日子，随着训练员们对福九和洋洋状态的调整，也先后顺利获得清晰的 B 超影像，结果显示福九和洋洋也都成功怀孕啦!

三喜临门。3 头雌性江豚同时确诊怀孕，这么多年来在白鱀豚馆首次遇见，可谓喜上加喜再加喜。一时之间，所有人脸上都洋溢着喜悦的笑容。

但喜悦的同时，烦恼也接踵而来。根据 B 超影像监测推算，3 头雌性江豚怀孕时间相近，分娩时间亦接近。如何合理安排“产房”，保证每头怀孕江豚第二年都能顺利分娩，成为郝玉江带领的训练团队首先要解决的问题。

白鱀豚馆是 1992 年建成的，有两个大厅共 3 个水池可供江豚生活，还有 1 个较小且浅的水池用于医疗护理。经过连续 20 多年的不间断运行，饲养设施和维生系统早已是“疾病”缠身，当时仅剩下主养大厅的两个水池能够维持江豚的日常生活。而白鱀豚淇淇曾经生活过的繁殖池由于时间久远，池壁渗水严重，早已弃用多年。因此，当时可供江豚分娩的水池仅有一个。

受人工环境条件限制，3 头江豚分娩仅有一个“产房”，显然是不够的。面对江豚分娩水池不足的问题，郝玉江申请对繁殖池进行升级改造，以缓解此次多头江豚可能同期分娩的压力。

根据以往江豚的分娩经验，小江豚刚出生后，方向感不强，在水池中四处冲撞，经常把自己撞伤或者擦伤。为了保护母幼分娩安全，减轻幼豚撞墙的冲击力，在经过多方搜寻与实地考察后，郝玉江与训练团队经过反复调研和论证，准备采用进口胶膜对繁殖池进行整体铺设，为江豚打造一个安全舒适的“产房”，提高幼豚生存概率。

除此之外，江豚分娩还得保证水下可视化监测，便于科研人员第一时间发现判断可能存在的风险。由于繁殖池不同于主养大厅里的水池，有水下玻璃窗可供观察。繁殖池为混凝土整体浇筑的圆形水池，池壁四周亦没有任何可供观察的窗口。如何在江豚分娩时能够实时监测分娩过程，保证江豚分娩安全，成为不得不面对的问题。

当时，市面上水下监控设备价格昂贵，在水池中安装也存在不便。受经费制约的影响，在搜索查询多家符合水下监控设备未果的情况下，寇章兵灵机一动想到，能不能把常规监控放在一个防水罩子里，充当水下监控？说干就干，于是他立即决定带领大家自主研发改造水下监控设备。

“在水下安装监控，首先考虑的就是保护江豚安全。”寇章兵说道，“不能存在有棱角的东西，这样极易对江豚安全构成很大威胁。”

经过反复考虑，整个水下监控设备外壳采用球形或半球形风险最低。寇章兵在网上多次搜寻，最终找到一家做半球形亚克力罩的商家。经过沟通，商家答应可以定制特殊开孔的罩子后，寇章兵当即下单购买了两个回来准备试验。

说干就干，想法变实践。一场纯手工改造水下监控的试验正式拉开了序幕。和众多发明创造者一样，凡事不可能一蹴而就，水下监控安装不是由于力气过大出现裂纹，就是出现渗水的状况。在经历多次失败之后，终于顺利完成改造。

3 个月后，繁殖池改造终于完成。

但是，由于雌豚分娩时雄豚需要单独饲养，仅有的 3 个饲养水池只有 2 个可供江豚分娩使用，那也就意味着其中有两头江豚将要共用一个“产房”。共用“产房”的两头江豚分娩时间存在先后，一头先分娩，对另外一头孕豚是否会产生影响，谁心里也没有底。

“两头江豚在一个水池中分娩，我们也是第一次遇见。”郝玉江召集训练团队，大家激烈地讨论着，“如果分娩过程中出现意外情况，如何操作，才能确保对另外一头待产孕豚的影响降到最低。我们不得不谨慎考虑，提前做好预案！”

训练团队经过对3头雌性江豚社群地位以及性格特征分析之后，建议将江豚福九和洋洋留在主养池进行分娩，将江豚福七转运至刚修缮的繁殖池进行生产。

难产？让人担心的福七

2018年5月9日11时，王超群像往常一样来到繁殖池，准备喂养福七。突然发现福七不靠近摄食，快速游动、剧烈跳跃，呈现临产前的征兆。王超群立即向郝玉江电话报告：“郝老师，快！福七可能要生产了！”

接到报告的郝玉江立刻从办公室冲到江豚繁育池，查看现场情况。

“今天才5月9日，原本估计预产期在6月，这可比我们预估的分娩时间提前了很多呀！”郝玉江说道，同时部署训练团队立刻启动江豚分娩护理预案。

1小时过去了，福七依旧在池中速游、跳跃。

2小时后，情况未能得到缓解。

14时，福七快速游动，剧烈跳跃的临产行为仍未停止……

福七可能要难产？江豚分娩时长一般为一个半小时到两个半小时，此时已经超过3小时还未分娩，所有人员都焦急地盯着监控屏幕，心急如焚。

曾在2015年初次怀孕就意外流产的福七，经历过大手术才保全性命。此次怀孕，虽然科研人员一直小心监测着福七身体健康状况以及胎儿发育情况，但福七这次能否正常分娩，谁心里都没有底。长时间地在水池中速游、跳跃，一连串临产行为的发生，让本就牵挂福七的郝玉江更是担心不已。郝玉江立即吩咐训练团队按照应急预案做好江豚难产的准备工作，同时，通过电话向香港海洋公园求助，希望派遣兽医专家前来协助。接到求助信息的香港海洋公园当即派出3名专家组成的兽医团队，从香港启程奔赴武汉。

15时，江豚福七终于慢慢平静下来。

但郝玉江和训练团队紧张的心依旧悬在半空中。作为福七的责任训练员王超群，一直在现场守护着福七。此刻福七恢复平静，王超群立即上前去检查福七的状况，或许是跳累了，它又大快朵颐地吃起鱼来。

傍晚从香港赶赴而来的3名兽医专家抵达白鱀豚馆，立即和训练团队一起监测福七的状况，分析福七可能将要临产，也可能是由于阵痛引起的产前行为发生。

23时，训练团队的办公室内灯火通明，大家依旧守候在监控屏幕前监测着福七的状况，丝毫不敢大意。

福七的临产行为发生，让这群人绷紧了敏感的神经。面对3头江豚同期分娩，郝玉江深感压力巨大，当即部署训练团队提前进入江豚分娩护理监测状态，安排训练团队人员开始轮流夜间巡视，重点监测福七的状态，以及另外两头雌性江豚的行为。

就在大家都将注意力放到福七身上时，福九仿佛感受到了“冷落”，想要赢回大家的目光，于是毫无征兆地开启了它的生产之路。

2018年5月19日凌晨5时，寇章兵醒后，习惯性地拿起手机，通过手机连接监控系统查看江豚状态，突然发现福九正在进行分娩。他立即起床赶赴饲养大厅，同时联系训练团队成员做好分娩监护工作，并向学科组领导汇报情况。郝玉江接到消息后立即从家中驱车赶往白鱀豚馆。

不同于以往江豚单独分娩场景，此时池中还有一头待产孕豚洋洋，训练团队丝毫不敢松懈，紧盯着两头江豚的行为发展变化。果不其然，洋洋似乎受到了福九分娩的惊吓，与拖着小尾巴的福九发生了两次短暂的打斗。现场监护人员顿时心提到了嗓子眼，生怕出现意外情况，好在后续没有继续发生打斗行为。

7 时 11 分，随着江豚福九的加速快游，小江豚终于平安降生。为便于监测记录，取科学代号“F9c”（c 代表 calf，寓意“福九的孩子”）。

刚出生的小家伙，由于方向感不强，在池中横冲直撞，把自己的头部撞得伤痕累累，现场监护人员看得满是心疼，却无能为力，只能祈祷江豚福九能够尽快抚育自己的孩子。

与此同时，水下监测人员报告：“江豚福九右侧乳房肿胀外突，疑似乳腺炎！”

消息传来，郝玉江心里顿时紧张起来。当前小江豚 F9c 还未成功与福九建立起母子关系，后续福九能否顺利哺乳，是决定幼豚能否成活的关键，所以都睁大眼睛时刻监测着母子行为发展变化。

时间一分一秒地流逝，小江豚 F9c 仍旧独自沿着池壁探索着这个陌生的世界。在两次尝试想要携带这个“画圈圈”的宝宝未果之后，江豚福九只能远远地看着这个“不听话”的孩子。或许旁边的洋洋是实在看不下去了，性格胆小且敏感的它，此时竟然主动站出来，尝试着帮福九“带孩子”了。在洋洋的努力下，幼豚 F9c 与洋洋建立了一定的关系，开始跟随洋洋游动。

坏了！糟糕的情况要发生！母豚争幼！

由于江豚洋洋还未分娩，没有奶水产生，无法对幼豚 F9c 进行哺乳。郝玉江召集训练团队立即召开紧急会议，分析当前的形势，同时远程连线香港海洋公园兽医专家，向他们介绍江豚福九分娩情况，询问针对福九乳腺炎的治疗建议。经过讨论，郝玉江决定，一是让大家提前做好人工介入准备工作，密切监视母子豚行为发展，发现幼豚 F9c 体力不支时及时人工介入，启动人工辅助哺乳；二是尝试在江豚福九配合的情况下，检查右侧乳腺具体伤情。

10 小时后，江豚福九依旧未能与它的孩子成功建立母子关系，而此时处于怀孕末期的江豚洋洋或许是太累了，也只是偶尔去携带幼豚。

根据过往研究，一定要在产后 24 小时内给幼豚喂食含有江豚免疫球蛋白的新鲜初乳或存储的初乳。原则上超过 18 小时，母豚仍不能正常哺乳，就要考虑启动人工辅助哺乳预案。

眼看长时间未能吃母乳的小江豚 F9c 体力越来越弱，游泳的姿态也不似刚出生那般矫健有力。郝玉江向时任学科组组长的王丁汇报情况后，决定立即采取人工介入，对小江豚 F9c 灌喂以往收集存储的江豚初乳。饱餐后的小家伙体力有所恢复，又继续在水池中巡游。

夜幕降临，白鱀豚馆主养大厅内，灯火通明，恍如白昼。

16 小时过去了，江豚福九大多时间依旧独自游离，孕豚洋洋偶尔帮它携带幼豚，母子关系的建立仍未有丝毫进展。

郝玉江和训练团队心里清楚，时间拖得越久，母子关系建立起来越难，但心中仍不愿放弃希望，哪怕是一丝。

看着小江豚 F9c 又出现体力不支，郝玉江决定带领训练团队利用人工配方乳进行人工喂养，帮它补充体力。

由于刚出生的小江豚胃容量大概只有 30 ~ 50 毫升，人工喂养幼豚一次最多也不能超过 50 毫升，而且每隔 1 ~ 1.5 小时就要喂养一次，且需喂养长达半年，直到幼豚能够开口进食饵料鱼。当时世界上也只有日本鸟羽水族馆有过成功先例，而且还是在母豚授乳 3 天后幼豚被遗弃，才进行人工喂养的。

面对这前所未有的难题，为了拯救这个幼小的生命，郝玉江带领训练团队毅然决定尝试进行人工喂养。也就是从此刻起，郝玉江住进了饲养大厅：一张简易的行军床，一件军大衣，仅此而已。

人工喂养绝非易事。经过长时间的摸索锻炼，小江豚 F9c 早已学会了提前躲避障碍。想要在水池中抓住它，不仅需要胆大心细，还要眼疾手快。只有当它靠近池边游动的时候才有机会，稍不留神，就会让它从手边溜走。此外还需多人配合才能完成一次人工喂养。就这样，一场场斗智斗勇的“追击战”在主养大厅内不停上演，让人身心俱疲。

5 月 20 日凌晨 2 时，刚刚结束第五次人工喂养的郝玉江召集训练团队对当前形势做了分析：情况远比预想的还要复杂。一方面，福九母子关系仍未建立，幼豚 F9c 无法正常摄乳，需要人工喂养；另一方面，还有两头待产孕豚，包括乳腺发炎的福九，以及另外两头雄豚也需要人工喂养及监测。

“同志们，这是一场持久战！大家要做好心理准备。”已经 19 小时未休息的郝玉江拖着略显疲态的声音说道。随后重新部署工作，人员做好分工，轮岗休息。

屋漏偏逢连阴雨，第二天，训练团队有 2 名同事病倒了！这让本就捉襟见肘的人手顿时变得更窘迫起来。人工喂养才刚刚开始一天，就有人员病倒了。长期 24 小时人工喂养，压力可想而知。同时连续高频次的饲喂，让郝玉江也只能在间隙抽空稍微休息一下，恢复体力。

经过长时间的监测，江豚福九最终也没能与小江豚 F9c 建立起母子关系。与此同时，福九的乳腺炎未见好转，甚至有愈发严重的趋势，时下也迫切需要起水转进治疗池进行医治。

就这样驻守在饲养大厅的郝玉江，带领训练团队，对幼豚每天高频次人工喂养，对江豚福九起水治疗乳腺疾病，分析讨论改进喂养方式以及治疗进程，每天只能在人工授乳间隙，躺到折叠床上短暂小憩。

6月2日凌晨1时，正在监测孕豚福七的王超群再次吹响分娩的“哨声”。经历过一次“假性生产”的福七再次出现产前行为征兆，并在池中发现疑似“胎衣”碎片。5小时后，江豚福七终于将幼豚娩出，取科学代号“F7c”。

危机也在这一刻悄然降临。

不好，危险！江豚福七在最后一刻过于平静地将幼豚娩出，导致与幼豚连接的脐带没有断开，幼豚无法顺利出水呼吸，随时都有溺亡的危险。一直守候在池边监测的王超群观察到幼豚F7c的呼吸孔有张开的迹象，在这千钧一发之际，立即和守候在池边监测的王致远快速潜入水中，将幼豚F7c托出水面。福七也在这一刻受到惊吓，加速快游，挣断了脐带。

万幸，在人为协助下小江豚F7c终于顺利呼吸到第一口新鲜空气，度过危机。

与江豚福九不同的是，福七则表现出强烈的母性。小家伙一生下来福七就立刻去守护它，用身体将它护在远离池壁的一侧，防止它撞伤，有时小家伙不听话还会用尾巴轻轻地“拍打”它。在“虎妈”江豚福七的抚育下，母子关系也顺利建立。

江豚福七母子关系成功建立后，小江豚F7c何时能够成功摄乳，令在场所有人员依旧紧张。

6月2日23时52分，监测人员通过水下监控终于确认幼豚F7c成功摄乳。这一好消息也给连日来24小时持续工作的所有江豚分娩监护人员注入了一剂强心针，带来了一丝宽慰。

▲ 训练员紧急入水抢救幼豚（中国科学院水生生物研究所　供图）

江豚福七成功授乳，也让疲惫的郝玉江对江豚福九孩子的生存看到一缕曙光。

郝玉江召集江豚训练团队提出：待江豚福七母子关系、幼豚摄乳行为稳定后，将福九的孩子转运至繁殖池，让福七充当幼豚 F9c 的“奶妈”。这一提议立刻得到大家的支持。如果福七能够顺利给福九的孩子哺乳，那么福九的孩子能够活下去的希望就会大大增加。

然而希望是美好的，现实却是残酷的。

在将江豚福九的孩子放入繁殖池后，福七立马凑上前去用头部托住它，就像抚育自己孩子一样。但自己的孩子却不乐意了，F7c 紧贴在福七的身边来回游动，想要阻止福七去接触它。通过长时间的监测，福七也未能成功与福九的孩子建立母子关系，无法给它授乳。担心福九的孩子继续放在繁殖池还有可能影响福七母子间的关系，只好将其移回主养池。

这一拯救方案宣告失败。

雪上加霜的是，喂食了 15 天人工配方乳的幼豚 F9c，出现了突发情况。饲喂人员观察到小家伙有吐奶现象，且呼吸时有奶汁喷出，体重也出现了下降。意识到情况不妙的郝玉江，立即觉察出小家伙可能对人工配方乳不能完全消化吸收。鲸类动物完全不同于陆生动物，它们主要利用蛋白质和脂肪提供能量，而陆生动物大多以糖类提供能量。由于没有鲸类动物专用奶粉，只能以动物奶粉搭配鱼浆以及其他营养物质按照一定比例混合制成江豚人工配方乳，给小江豚饲喂。

郝玉江向日本鸟羽水族馆写信求助，希望能够分享海江豚人工乳配方。幸运的是对方得知情况后，大方地分享了他们的人工乳配方，也希望能够挽救这个幼小的生命。

在喂食经过改良的人工配方乳后，F9c“喷奶”现象有所减轻，但还是未能挽留住它的生命，小家伙于14日0时59分离开了这个世界。在全人工24小时高频次喂养下，摄食营养与能量供给还是无法与母乳相比。最终还是没能挽救它的生命，小家伙仅成活了26天。

但当下来不及让郝玉江他们悲伤。因为还有更糟糕的情况在等待着他，此时洋洋的孩子也需要他这个“超级奶爸”去授乳。

原来早在6月11日14时47分时，江豚洋洋也终于按捺不住“卸货”了，成功诞下幼豚，取科学代号“YYc”。出人意料的是，前期帮助江豚福九抚育孩子的它，产后竟未能及时顺利地与自己的孩子成功建立母子关系。长时间未能吃到母乳的幼豚YYc，体力不支，出现了漂浮状态，郝玉江只有带领人工授乳小组对幼豚YYc也进行辅助喂养。

幼豚F9c的死亡让郝玉江他们日夜守护的辛苦付之东流，也让他们明白单纯地靠人工喂养是很难取代母豚抚育哺乳。面对幼豚YYc，郝玉江他们一方面人工授乳给它补充体力，另一方面寄希望于它与洋洋母子关系能够尽快建立。但与幼豚F9c不同的是，幼豚YYc在池中不喜欢靠近池边游动，聪明的它知道提前躲避哺乳人员的捕捉。因此，对幼豚YYc的人工授乳要比喂养幼豚F9c还要艰难，无法对它进行高频次的人工授乳，幼豚YYc身体日渐消瘦，体重呈下降趋势。

为了拯救幼豚YYc，方便及时给它补充营养与体力，郝玉江他们在池边架起一个8平方米的临时水池，作为幼豚YYc临时的“家”。在对幼豚YYc进行高频次的人工授乳，评估体力合适后，再将其放归主养池中与江豚洋洋继续建立母子关系。

幸运的是洋洋从未放弃，在幼豚YYc出生5天后，监测人员终于发现

▲人工授乳小组对幼豚进行辅助喂养（中国科学院水生生物研究所　供图）

幼豚YYc与洋洋的关系出现了明显的改善，母子间开始有频繁的互动行为，甚至有摄乳行为发生。就在大家为洋洋母子关系终于开始建立而欣慰时，不幸的事情却发生了：监测人员发现幼豚YYc突然长时间漂浮，无法下沉。郝玉江立即冲到池边去将幼豚YYc抱起检查，对它进行人工辅助授乳，并将其转移至暂养池进行操作治疗。

在将幼豚YYc临时安置在暂养池中人工饲喂时，江豚洋洋的母性此时也彻底爆发，情绪表现得较为狂躁，经常在主养池中不停地造浪、速游、跳跃，甚至长时间守护在靠近暂养池的水面处，拒绝进食。

幼豚YYc突发的意外情况，出乎所有人的意料。经过补充营养后，回到母豚洋洋身边的YYc体力明显好转，但长时间激烈运动过后，身体又呈

▶ 水中畅游的 E 波（王超群　摄）

虚弱状态，且游动无力。为了避免幼豚 YYc 过量运动，消耗体力，只好将其转移至暂养池中。

通过检测，其身体状况远比大家想象的都要差。为了不让这个幼小生命流逝，郝玉江他们最后孤注一掷，通过点滴注射营养液进行挽救，希望奇迹能够出现。

不同于陆生动物，面对生活在水里的江豚，无法直接将其从水中抱出进行长时间的点滴注射。郝玉江他们将幼豚 YYc 置于铺满海绵的半满水的盆中，一人托起头部，防止呛水，还要时刻监测幼豚呼吸状况；一人固定尾部，防止身体摆动导致针管脱落。长时间保持固定姿势，监护人员很快就会手酸腰疼，但为了拯救这个小生命，也全都咬牙坚持。经过 4 天的抢救，还是没能留住幼豚 YYc，它于 6 月 22 日 0 时 23 分死亡。

面对两头幼豚的死亡，连续 35 天都日夜守护在白鱀豚馆饲养大厅的郝玉江，情绪在这一刻也终于绷不住了。尽管一开始就知道人工授乳很难，但当真正面对这一结果的时候，还是会感到难过。若不是真正的热爱与真心的守护，一群人也不会连续两个多月日夜不眠地坚守与付出。

3 个月后，亲子鉴定结果出来了。江豚洋洋怀的是淘淘的孩子，江豚福七与福九怀的是多多的孩子。福七的孩子最后在白鱀豚馆训练团队的照顾下，顺利地健康成长，在其满 1 周岁时通过武汉白鱀豚保护基金会的公益征名活动，正式取名为“E 波”。

白鱀豚馆内的一池清水，时不时荡起波纹。看着多多父子在水中愉快玩耍，形单影只的淘淘不免心中有些失落。

第九章

成功繁育第二代江豚

人工环境下出生的第一代江豚淘淘，一出生就顶着明星的光环。但“小时了了，大未必佳”，淘淘截至2019年已经14岁了，在“豚生”中已是中年，却仍然没有留下自己的后代。这成了科研人员的一块心病……

豚以食为天

又是一年的繁殖季节，看着父子成双的多多，淘淘似乎更加卖力，美食的诱惑也抵挡不住它对爱情的向往。夏季爱情的狂欢过后，科研人员又迎来了期盼，照例对雌性江豚进行检查。

2019年9月12日，随着B超影像清晰地显示出一个稍暗的腔体内包裹着一个高亮的椭圆形，江豚洋洋再次确诊怀孕。这个消息给平常枯燥的日子增添了一份喜悦，同时也给整个江豚训练团队增加了一份重担。如何保障洋洋成功分娩，成为当前乃至今后一段时间内工作的重中之重。

尽管整个江豚训练团队已经有了多次成功护理江豚分娩的经验，但作为洋洋责任训练员的邓正宇仍不敢有丝毫懈怠。按照既往总结的江豚孕期护理技术方案，邓正宇对洋洋开始按照孕豚标准进行管理，逐步调整营养摄入，监测记录江豚行为变化，并定期通过 B 超监测胎儿发育状况……

然而，就在所有工作都按部就班地进行时，一场突如其来的疫情，打断了工作节奏，也打乱了所有工作部署，给江豚饲养繁育工作带来了更多考验。

2020 年初，新冠肺炎疫情暴发，随着疫情的发展，一场没有硝烟的战争正在悄然展开。

根据国家对疫情传播发展的研判，武汉宣布："自 2020 年 1 月 23 日 10 时起，全市城市公交、地铁、轮渡、长途客运暂停运营；无特殊原因，市民不要离开武汉，机场、火车站离汉通道暂时关闭。"

离汉通道关闭前夕，原本计划春节回老家与家人团聚的江豚训练团队成员寇章兵、邓正宇等，决定放弃回老家的计划，选择与在馆值班的训练员疏贵林一起坚守岗位。除他们之外，留守的还有春节期间负责白鱀豚馆后勤工作的黄荣阿姨及其家人。摆在 6 人面前的首要问题，就是如何在保护自身安全的情况下，保障整个白鱀豚馆正常运作。

自疫情发生后，刚刚担任学科组组长的王克雄，要求白鱀豚馆立即实行全封闭化管理，并部署疫情期间的工作安排，让在馆值班人员不要与外来人员接触，也不要随意外出，降低感染风险，并叮嘱大家保护好自身的安全，同时也要保障好江豚安全。

值班人员每天上午、下午及晚上在白鱀豚馆各安全巡查一次，检查园区水电安全，相关科研设备是否正常运转，发现问题及时处理。除此之外，值班人员每天认真检查江豚的体表健康，监测进食状况，观察行为变化，综合评估每头江豚的状态，并逐日汇报当天工作情况，让隔离在家的领导和同事也能及时了解当前工作状态以及江豚的健康状况。

由于管控，“吃”自然就成为城市内居民要考虑的第一大问题。正所谓“家中有粮，心中不慌”。疫情之下，白鱀豚馆值班人员的伙食问题也成了王克雄的牵挂。原本为过年值班储备的物资就不多，随着城市管控政策的紧缩，外部大多数商店、菜场都已关门，仅靠少量超市维持着城市运转。为了避免白鱀豚馆值班人员外出采买生活物资时导致感染，从而致使整个白鱀豚馆陷入停摆状态，出现无人照顾江豚的被动局面，王克雄与余秉芳沟通后，余秉芳主动承担了白鱀豚馆值班人员生活物资保供工作。

疫情早期，因害怕城市物资供给能力不足，封闭在家的居民都在大量囤积物资。然而有些蔬菜不能大量囤积，每隔一段时间，余秉芳都要冒着风险排队进入超市采买物资。为了避免与白鱀豚馆人员接触，降低潜在传播风险，余秉芳每次都是将采购来的物资放在大门外，电话通知值班人员做好消毒防护措施后，再带进去。随着疫情发展，为了尽快控制疫情，管控措施进一步升级，人员外出采买变得更加困难。因此，“社区团购”“网上买菜”应运而生，余秉芳和白鱀豚馆值班人员又开始加入“抢菜”大战。

疫情之下，不仅值班人员伙食面临困难，随着时间的推移，白鱀豚馆的江豚饵料储备也出现危机。按照经验，每年春节前训练团队都会储备 15 ~ 20 个工作日的饵料鱼。根据当时疫情形势的初步研判，为防患于未然，他们比往年还多储备了近 1 个月的饵料鱼。果不其然，随着疫情的加重，日常采购饵料鱼的武汉市白沙洲大市场也于 1 月底临时关闭，这也就意味着当时 1 个多月的饵料鱼储备量，可能是远远不够的。

负责江豚饵料鱼采购工作的寇章兵，心里暗暗下定决心，再难也要保证江豚不挨饿。他一边向学科组组长王克雄汇报江豚饵料鱼告急的情况，一边组织邓正宇、疏贵林等下塘拉网捕鱼，万幸的是当时基地鱼塘里还剩有部分人工养殖的饵料鱼。

平日里下塘拉网捕鱼，至少需要六七个人团结协作，此时只有训练团队 3 人，人手远远不足，于是便叫上食堂师傅及其家人一起帮忙。在寒冷的冬日里，他们 6 人泡在冰冷的池水中，费力地拖着一张大大的网，在满是淤泥的鱼塘中深一脚浅一脚地开始围网捕鱼。最终经过精挑细选，打捞起 200 多千克鲜活鲫鱼，可维持 10 天左右。虽然暂时缓解了饵料鱼问题，但即使再加上库存的冰冻鰲鲦（一种生活在淡水中的小型鱼类），也依然维持不了太久。

▲疫情期间，科研人员和食堂师傅及家人一起拉网捕鱼
（中国科学院水生生物研究所　供图）

由于鰲鲦不属于水产养殖经济鱼类，货源极难寻找。王克雄和余秉芳想到了湖北长江天鹅洲白鱀豚国家级自然保护区里有这种鱼，便立刻请求保护区援助。在石首天鹅洲保护区相关领导的支持下，通过几天的努力，近500千克的鰲鲦被打包且冰冻好。

解决了饵料来源的问题，但如何把这批急需的饵料鱼顺利运到武汉，又成了当时的紧迫任务。

按照当时规定，除了保障疫情防控的物资及武汉市必要的生活物资外，其他车辆无法进入武汉市。好在经过中国科学院水生生物研究所领导的紧急联系和沟通，湖北省及武汉市交管部门为运输车辆办理了通行证。与此同时，经过多方联系打听到荆州一家抗疫物资运输公司，也愿意积极支持江豚饵料鱼运输。经多方积极配合，这批饵料鱼终于在3月3日晚上顺利抵达中国科学院水产良种基地大门外。为了安全起见，饵料鱼在经过消毒后，由训练团队通过借来的电动三轮车，一趟一趟地人工转运至冷藏库冻存。

冰冻鰲鲦问题已经得到解决，但江豚还需要更多的鲜活饵料鱼。尤其是处于孕期的江豚洋洋，更需要鲜活饵料鱼来保证营养，因此就必须再次寻找新的饵料鱼供给来源。于是，大家分头在全省水产品信息库里逐个打电话，在湖北省农业事业发展中心、武汉市农业农村局等单位领导的协调和帮助下，最终在咸宁市咸安区找到一批合适的鲜活鲫鱼。3月23日中午，750多千克鲜活的鲫鱼顺利抵达白鱀豚馆，疫情期间的江豚饵料不足的问题得以彻底解决。

2020年4月8日，经过了76天的等待，离汉通道开通。被困家乡的王超群，第一时间打电话咨询返汉政策，他说："当时在家，每天最想念的就是这些江豚。"在离汉通道开通后，他立即请求返回武汉，投入工作之中。随

▲训练员在给江豚喂食（肖艺九　摄）

着封闭在家的人员陆续返回武汉，整个白鱀豚馆的江豚饲养训练工作开始逐渐恢复至正常状态。

淘淘不仅成功“当爹”，而且“儿女双全”

然而，刚刚经历疫情考验的江豚训练团队，还未完全休整，又即将面临工作上的另一场大考。

此时，江豚洋洋也已经到了怀孕后期，日常摄食量不断增加。为了避免单餐次摄食量过多，对腹部胎儿造成挤压，邓正宇开始调整洋洋的摄食方式，少食多餐，由日常每天 4 或 5 餐次，调整为每天 6 或 7 餐次，即每天在夜间 12 点前再增加两餐次的喂养。同时调整冰冻鳌鲦和鲜活鲫鱼的搭配比例，以更好地满足洋洋的营养摄入需求。

2020 年 5 月 28 日，负责洋洋的训练员邓正宇，发现洋洋上午第二餐摄食状态突然变差，长时间不靠近摄食。根据怀孕周期推测，预估近期可能要生产，他立即向训练团队报告此事。为确认洋洋是否为偶发性摄食状态不佳，立即加强了对洋洋的行为观察。通过接下来的两天饲喂发现，江豚洋洋进食状态不佳的频次越来越多，有时甚至完全不靠近人，完全符合即将临产的征兆。在与学科组领导汇报后，决定立即启动江豚分娩护理预案。

整个江豚训练团队成员开始分工协作，准备相关分娩物资，并开始轮

▼ 江豚洋洋（邓正宇　摄）

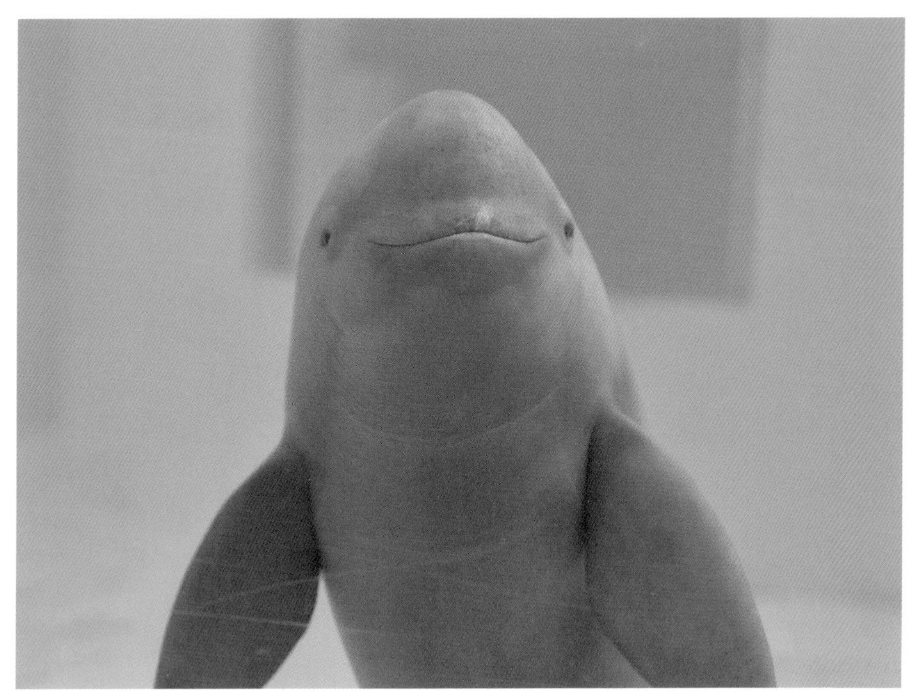

流值守夜班，日夜监护即将临产的江豚洋洋，避免江豚分娩过程中出现意外风险。

6 月 2 日夜间，疏贵林值守夜班。这也是他 2019 年入职白鱀豚馆兽医来第一次参加江豚分娩护理，心中丝毫不敢大意。晚上 9 点巡视时，江豚洋洋有多次跳跃行为，让他预感今夜洋洋有可能进行分娩。夜间由于光线不足，在微弱的灯光透射下，勉强可以看清洋洋模糊的身影，疏贵林在水下玻璃观察窗前努力地盯着洋洋的状态，一刻也不敢松懈。

6 月 3 日凌晨 2 时 45 分左右，水面终于多了一个小小的身影，身子一浮一沉，努力向上伸着自己的小脑袋，发着“噗嗤、噗嗤”的呼吸声。

洋洋终于顺利产下了幼豚，王超群立即向学科组领导汇报，凌晨接到消息的领导们立即驱车赶来，与值班人员一起守护着这对母子豚。

随着洋洋顺利诞下幼豚，大家悬着的心也只是暂时放下了一半。因为接下来才是最关键的时刻，洋洋与幼豚的母子关系能否成功建立，幼豚能否成功吃上母乳？一切都还是未知数，大家都还在焦急地等待着。

刚生下来的幼豚，在水池中横冲直撞，几乎是“不撞南墙不回头”，甚至还会有冲上岸边的风险。大家的目光是一刻也不敢移开，时刻紧盯着幼豚的身影。当发现它有即将冲上岸边的风险时，守护在池边的人员提前预判，立即冲到岸边用手将它轻轻推向池中，帮它调整方向；当看到它冲向水下的墙壁时，大家的心也跟着一揪一揪地，却无能为力，只能听着“嘭、嘭”的闷响，盼着母豚洋洋能够尽早抚育幼豚。

这是洋洋第二次生产，已经没有了第一回当母亲时的生涩，在产后阵痛中慢慢开始努力照顾自己的孩子。它一遍又一遍地尝试将幼豚护在身下，想让它跟着自己游动。而初生的小家伙仿佛对这个陌生的世界充满了好奇，不停地摆脱洋洋的阻挡，沉浸在自己的探索旅途中，熟悉着这个陌生的“家”。

渐渐地，小家伙熟悉了这个新家，游泳的技能也越来越娴熟，知道提前转弯规避障碍。而母豚洋洋也在不停地尝试着用腹部去接触小家伙的头部，想要把它护在身下，让它跟随着自己游动。

在洋洋不懈地努力下，母子俩关系越来越亲近，小家伙逐渐主动跟随洋洋游动，或许是游累了，小家伙开始饿了，慢慢地在洋洋身上摸索着找奶吃。

吃奶对江豚来说可以算是个技术活，就像战斗机空中加油一样，需要保持一个相对静止的状态，母子俩需要一边缓慢游动，一边进行哺乳。

观察人员的心一刻也不敢松懈，紧张地盯着母子俩的身影，看着小家伙一次次地错过母豚乳腺区域，心里恨不得帮它对准正确的位置，让它能够尽快吃上母乳。

2020 年 6 月 3 日 10 时 55 分，一夜未眠的值班观察员守在水下观察窗前，终于观察到幼豚吃上了第一口母乳，并立即将这个好消息告诉大家，此刻大家悬着的心终于可以放下了。

幼豚成功吃上母乳，意味着成活的概率大大增加。但后期母豚奶水是否充足，幼豚能否吃到足够的奶，在场的人们心里都没有底，因为大家都知道接下来还有一场持久的硬仗在等着……

接下来的 1 个多月里，需要人工 24 小时监护。一方面，通过统计监测幼豚吃奶频次与时长来研判幼豚是否吃到足够的奶水；另一方面，要观察母子间关系发展，监护母子豚的身体健康，尤其是要防范新生幼豚在夜间出现意外风险。

监测统计幼豚摄乳，需要观察人员一直盯着母子豚，有时哪怕一个回头，一个弯腰，就有可能错过幼豚摄乳，造成监测统计偏差。因为幼豚摄乳行为随机性很大，摄乳时长也不固定。短则四五秒钟，长则十几秒钟，稍不注意就有可能错过幼豚摄乳行为，这对观察人员的精力也是极大的考验。

时值夏季，气候闷热，蚊虫繁多，几乎每个观察人员都受到了蚊虫的“青睐”，忍不住地被“亲吻”几口。长时间地持续观察，也极易让人感到疲倦，困累不堪，但大家都咬牙坚持下来了。

夜间值班，不仅要有熟悉江豚状态的分辨能力，还得具备一定的风险处置能力；出于安全考虑，还得熟悉江豚饲养馆内的环境，以免出现意外，因此这个重任只能由训练团队的 5 名成员轮流承担。由于人手紧张，除去每天夜间轮流值班人员，其他人白天还得负责全馆所有江豚的饲养训练工作，为此大家都放弃了休息时间，连续加班奋战 1 个多月，保障幼豚能够顺利成活，健康生长。

产后的洋洋，大部分注意力都集中在自己的孩子身上，只能偶尔抽个空去进食，且产后的母豚需要哺乳，食欲大增，摄食需求量大大增加。为了不影响刚建立起来的母子关系，邓正宇只能每隔两三小时进行一次投喂，昼夜不间断，每次投喂的量也不能过多，防止江豚未完全进食，散落在池底的饵料鱼在夏季高温的池水中腐烂，影响水体环境质量。

在江豚训练团队的精心照顾下，小家伙一天天长大，身体愈发丰满，活脱脱的一个小胖墩。聪明调皮的它，经常会游到水下观察窗前，与前来看望它的人员互动。它黑黑的小眼睛好奇地盯着你，偶尔会张开小嘴，向你吐水；偶尔会跑开，然后又快速游回来，仿佛在向你展示它傲娇的游泳技能，调皮又可爱。

1 年后，科研人员通过体检发现，小家伙体长 130 厘米，体重竟达到 69 千克——比野外同龄江豚还要胖。2022 年科研人员通过媒体征名投票，

▲江豚汉宝（邓正宇　摄）

为它取名为“汉宝”。“汉”意指这只江豚在武汉出生，“宝”则代表着这只江豚是大家的宝贝；另外一层意思“汉宝”就像汉堡包一样胖胖的，正好符合它的体形特征。

科研人员通过亲子鉴定，显示汉宝是江豚淘淘与洋洋的爱情结晶，也是人工养殖条件下首头成功繁育并顺利成活的第二代江豚。

2022年6月27日，江豚福九也顺利诞下一头雌性小江豚(编号“F9c22”)，

▲江豚 F9c22（肖艺九　摄）

这是我国人工养殖条件下首头成功繁育的雌性二代江豚。通过亲子鉴定，它也是淘淘的后代。

曾经羡慕其他小伙伴都有后代的淘淘，如今也迎来了自己的高光时刻——不仅成功当了爹，而且是“儿女双全”。

中篇
迁地保护

第十章
天鹅洲故道结冰劫难

2008年初，一场大范围的低温雨雪冰冻自然灾害突袭而来，致使中国南方多个省市瘫痪。乡村和城市的地上、树上，甚至高压线上都结上了厚厚的冰，让人仿佛置身于冰雪王国。20多天的低温雨雪冰冻天气，不仅给人们的生产生活带来极大影响，也让生活在湖北荆州天鹅洲故道水域的江豚差点遭受“灭顶之灾”……

“不得了啦！故道结冰啦！”

2008年2月3日，农历腊月二十七。年关将近，天鹅洲渔民杨家炎骑着摩托车正准备前往镇上置办年货，走到天鹅洲故道大堤时，习惯性地望向自己曾经捕鱼的“战场”——天鹅洲故道。他突然发现，故道中居然已经结冰了！大半辈子以捕鱼为生的他知道，故道中生活着一群江豚。意识到情况不妙的他，立即报告给了保护区工作人员。

保护区工作人员龚成接到电话后，以为对方是在开玩笑。看着屋外晴

▲结冰的天鹅洲故道（中国科学院水生生物研究所　供图）

朗的天空，怎么也不像是结冰的天气啊？但听着对方坚定的语气，正在外出公干的龚成不敢大意，立即驱车赶回故道查看具体情况，同时向保护区副主任高道斌汇报。

“高主任，赶快来！湖面结冰啦！”赶到大堤上的龚成看着已经冰封的江面，焦急地汇报着情况。

站在大堤上，放眼望去，目光所及之处都已经被白花花的冰层覆盖。阳光照耀下的冰面，格外刺眼。

江豚哪里去了，是死是活？望着冰封的江面，龚成心急如焚。

作为水生哺乳动物，长江江豚靠肺呼吸，平均每隔十几秒就需要浮出水面呼吸换气。眼前的天鹅洲水域大面积结冰，对江豚来说可谓是毁灭性的灾难。如果水面所结冰层太厚，江豚就无法撞破冰层出水呼吸，会在冰层下面窒息而亡。

正在长江南岸的高道斌接到消息后立即赶回天鹅洲故道，与龚成两人一起沿着故道沿岸搜寻江豚的踪迹。空旷的故道上，凛冽的寒风，打在两人脸上，刀割般地疼。一路走下来，故道江面几乎都已被冻住，走了很久都没有发现江豚踪迹的两人，心中愈发焦急。

“快看，江豚在这里！”

不知走了多久的两人，终于在下游一个背风的弯道处发现了受困的江豚。只见这片宽不到 100 米、长不到 1 千米的水域，有许多大小不一的浮冰，一块一块的，在水中漂浮，江豚就在破冰处出水呼吸。

其实，江豚特别聪明，为了能够出水呼吸，会不停地尝试用头顶破上面的冰层。江豚平均潜水时间为 20 ~ 30 秒，因此附近不远的江面上，每隔几米远的冰层就会有一个窟窿，清晰可见。这是江豚往破冰区域游动而留下的印记。现在所有的江豚都来这里了，集中在这片水域。正因为此处堤坝比较高且背风，坝下中间水域结冰相对薄一些，江豚能够突破冰层，出水呼吸。高道斌与龚成两人不禁以手加额，幸亏啊……

“嘟嘟嘟”……

临近中午，一阵急切的电话铃声打破了办公室的宁静。

“王老师，不得了了，故道结冰啦！”正在武汉的王丁接到了天鹅洲保护区胡良慧主任的报告。听到故道结冰的消息，王丁的心当时就凉了，最担心的事情还是发生了。

情况紧急，怀揣着紧张的心情，王丁立即召集赵庆中、王克雄、郝玉江一行几人驱车向天鹅洲赶去。

正值全国春运、游子返乡的高峰时期，受极端天气影响，南方地区出行都成问题。天鹅洲故道结冰的消息传来，王丁毅然带领团队冒险南下，前往天鹅洲察看江豚受灾情况。

一路上寒风凛冽，白雪覆盖，看到道路两边的稻田、水塘全都结了冰，而且有的结得还很厚，王丁的心情愈发沉重。一路上紧赶慢赶终于到了天鹅洲保护区。

王丁带领团队立即和保护区的几位领导沿着故道大堤，查看水面结冰的情况。望着整个被冰覆盖的江面，王丁当时感觉整个人都要垮掉了——几代科研人员努力几十年的心血，才建立这么一个保护区，而且对国家还有着非常重要的意义。难道如今会在我们手中毁掉吗？

随行的王克雄在岸边的杨树林中捡起了一根枯枝，有小臂般粗，他慢慢沿故道大堤下到接近冰面的地方，用树枝打破了冰面，弯腰用手捡起一块冰，发现足足有半厘米厚。这么厚的冰，江豚是没有力气用头顶撞破的。

一行人站在坝上，望向故道中江豚活动的那片水域。因为无法测量水域的水温，但估计那里已经是接近 4℃的低温了。在这样的低温水域中生活，江豚需要消耗更多的能量维持体温。也就是说，它们需要捕食更多的鱼，才能维持身体的能量消耗，以抵抗水体低温。

数九寒天的江面上，透骨的寒气直往衣服内钻。整个水面的冰层厚度还在不断地增加，结冰范围也在不断地扩大。天气预报显示，接下来几天的气温还会继续降低。可能在夜晚，或者在接下来的几天，那块小小的避难地随时都有可能被完全冰封住。在场众人都很着急，但是也没有更好的办法能让气温回升，避免故道水域继续结冰。

大家一边沿着故道边的大堤艰难行走，一边商议如何救护这些江豚。王丁说，无论如何我们得想想办法，不能让几十年的保护成果在一夜之间全部白费！

破冰。刻不容缓。

回到保护区的会议室，大家马上召开紧急会议商量对策。经过差不多半小时的讨论，达成了一致的意见，包括尽快向湖北省水产局汇报这件事情，请他们作为保护区的主管单位积极采取应对措施；尽快组织两艘铁壳机动船在故道冰封水域航行破冰，并且每两小时必须航行一圈，避免重新结冰；加强对江豚的观察，尽量搞清楚江豚的数量，发现江豚受伤或死亡及时报告。

会议一结束，保护区立即安排两艘铁壳机动船在故道中航行。在冰与铁的较量中，故道上的冰面咔嚓作响，应声而裂。船将故道中大部分冰封区域的冰破开了，水面上铺满了大块、小块的浮冰。江豚的活动范围逐渐加大了，大家的紧张情绪也缓和了一些。

为了保持湖面不被大面积冰封，保护区工作人员安排船只在故道上每隔1小时就沿岸航行一周，来回奔跑。尤其是夜间，更是不能停止。第二天，故道水面大部分冰封被破开，江豚行为未见异常。从天气预报里得知，随后几日气温会逐渐回升，天鹅洲故道冰封状况将会慢慢得到缓解。

被冰困住的江豚终于得救了，大家长舒了一口气。然而，事实证明大家过早放松了：本以为破冰是解救被困江豚的结束，没想到却是救助江豚的开始。

冰灾留下的“隐患”

突然的极端天气，让天鹅洲故道中的江豚面临生死危机。为了能够活下去，故道中的江豚，奋力用头顶破冰层，出水呼吸。然而，江豚在突破冰层的过程中，头部和身体也被破碎的冰块边缘所划伤，留下一道道伤口，带来了健康隐患。

2008 年 3 月，气温和水温开始双双上升，故道中的江豚终于平安度过了寒冬，迎来了春天。越过寒冬的天鹅洲故道开始换上新装，一片片嫩绿开始逐渐替代枯黄。本是生命蓬勃的季节，却潜藏着死亡的威胁。

3 月 20 日，保护区工作人员在日常沿岸巡查过程中，发现 1 头死亡的江豚。死亡江豚的体表有多处划伤，左腹溃烂，腹中还发现有 1 个发育完全的胎儿。接到有江豚死亡的消息后，中国科学院水生生物研究所科研人员连夜赶赴天鹅洲对死亡江豚进行尸检解剖，以便查明死亡原因。然而接下来的 3 天里，保护区又陆续发现了 4 头死亡江豚，每头死亡的江豚头部都有很多伤口，这些伤口都呈直线，或长或短，伤口感染严重。

根据现场照片和尸检解剖结果，王丁和王克雄判断江豚是被锋利的冰块划伤后感染致死的。因为早期故道水域大面积结冰，江豚为了能够出水呼吸，用头部顶破冰面时被破裂的冰块划伤，而且伤口未能愈合。冬季时水温低，伤口本来感染不严重，但 3 月的水温和气温双双上升时，伤口长时间在水中浸泡，感染不断加重，从而导致江豚死亡。

接二连三地在故道周边发现死亡的江豚，让天鹅洲保护区意识到了事情的严重性，立即向上级主管部门紧急报告。同时在故道沿岸加强巡查，最终共发现有 6 头江豚死亡。经过中国科学院水生生物研究所科研人员判断，其中有 5 头被确认是被“冰刀”割伤导致严重感染而死亡，另外一头则是年龄大了自然死亡。

在天鹅洲故道内，短短几天里连续发现 6 头死亡的江豚，让王丁的心都要碎了，也让保护区和科研人员多年努力的保护成果一下子倒退了好几年。王丁和王克雄推测，天鹅洲故道里的江豚可能都受伤了，只是伤情轻重有别，很可能未来一两周里还会有江豚因伤势加重而死亡，应该立即组织对故道内江豚进行捕捞，评估伤情，采取救护措施，避免江豚死亡继续发生。

保护区连续发现死亡江豚情况的书面紧急报告，受到农业部水生野生动植物保护处与湖北省水产局领导的高度重视，当即派人员奔赴天鹅洲故道现场察看江豚活动情况，走访故道多位渔民，听取保护区管理处的汇报

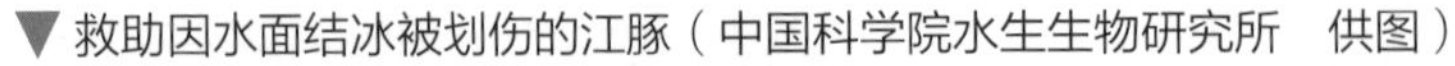
▼ 救助因水面结冰被划伤的江豚（中国科学院水生生物研究所　供图）

和中国科学院水生生物研究所的建议。会议决定立即对天鹅洲故道幸存江豚进行集中救治。

一场紧急救援行动就此拉开帷幕。

要将生活在21千米长的天鹅洲故道中的所有江豚捕捞起来进行救治，是一项复杂又庞大的工程。为保障江豚救援工作有序开展，王丁带领科研团队紧急制定江豚集中救治方案和应急预案。按照分工，由天鹅洲保护区组织经验丰富的渔民对故道中的江豚进行围捕，由科研人员准备救护药品和器具，对江豚进行体检、救治。

时间紧、任务重，故道中江豚的救治刻不容缓。4月1日上午8时，由周边渔民组成的捕豚队伍在码头上整装待发。

“出发！”

一声令下，由10艘船30人组成的捕豚队伍，浩浩荡荡地扎进天鹅洲故道中，开始搜寻、围捕江豚。捕豚队伍冒着蒙蒙细雨展开整体推进队形，密切关注江豚活动情况，仔细搜索。经过4小时的努力，捕豚队伍将江豚驱赶至约2000余亩的指定区域，设下一道1500米左右的拦网，缩小江豚的活动范围。为了防止江豚逃离时触网，确保江豚安全，救治人员决定先给它们一天时间，以适应新环境。

在天鹅洲故道捕豚的同时，远在武汉的王丁立即抽调学科组内的精兵强将组成救护队，邀请武汉大学中南医院B超专家李雄一起，驰援天鹅洲。

作为江豚集中救治行动总指挥的王丁和副总指挥的高道斌，在队伍出发现场召开了动员大会，要求在确保人员、设备和江豚安全的前提下展开救治，并对救治行动做了详细的部署。随后大小船只14艘、人员60多人，前往指定区域，经过3天的驱赶和多轮围捕，最终将22头江豚捕捉上岸。

确实如王丁和王克雄所推测的那样，几乎每头江豚的头部和背部都有或长或短的划伤，有些个体的伤口已经严重感染。在现场的兽医赵庆中，对每头江豚的伤情仔细查看，一一处理，对伤情严重的个体还注射抗生素。经过治疗的江豚，被一一重新放回天鹅洲故道。

4 月 5 日下午 2 时 40 分，当最后 1 头江豚回归故道，则标志着江豚集中救治行动取得圆满成功。3 天紧张有序的工作，22 头受伤江豚得到及时、有效的救治，其中的 11 头佩戴信标后被放归故道，两头雄性幼豚被放进暂养箱，留待进一步救治及进行科研活动。

4 月过去了，迎来了夏天，天鹅洲故道的水位开始上涨了，故道周边的农田也变得绿油油的，故道中的江豚变得更加活跃了。

第十一章
人工网箱饲养江豚

“催婚”“催生”，这些在当今社会青年人身上面临的压力，放在江豚身上也不例外。这群科研人员和天鹅洲保护区的工作人员，偏偏也针对着网箱中的天天、娥娥，又是“催婚”，又是“催生”……

捕鱼人变成护豚人

为了让留下的这两头雄性幼豚健康成长，保护区管理处利用在天鹅洲故道水面上兴建的面积100平方米的不锈钢质网箱，将幼豚转入箱中进行人工饲养。它们分别被取名为“天天”和“洲洲”，自然是因为它们生长在“天鹅洲”的缘故。经过2个月的试养，发现这两头江豚在网箱内伤情恢复良好，活动正常，于是决定在天鹅洲故道正式开展江豚的网箱饲养工作。

为了更好地照顾这两头生活在网箱中的江豚，保护区专门请来丁泽良喂养它们。丁泽良此前是渔民，熟悉长江及天鹅洲保护区的基本情况，又多次参与过科学考察捕豚活动，对生活在江中的江豚也有一定的了解。从

▲丁泽良给江豚喂鱼（湖北长江天鹅洲白鱀豚国家级自然保护区　供图）

此，丁泽良就从一名捕鱼人变成一名护豚人。

虽然常年生活在江边，以捕鱼为生，经常能够看到江豚，但对于人工喂养江豚，没有任何经验的丁泽良则一点一滴地开始摸索学习。成年江豚每天的进食量占其体重的 5% ~ 10%，结合当时武汉白鱀豚馆 2.5 岁龄江豚淘淘的食量（夏季每天平均 2.3 千克，冬季每天平均 3.9 千克），确定网箱江豚的食量为每天 3.0 ~ 4.0 千克，根据江豚的实际进食状况和江豚能量需求的季节变化进行适当调整，以保证江豚每天所必需的营养。

每天一大早，丁泽良就起床前往故道边上的暂养网箱处，为这两头江豚准备饵料。从一条一条鱼投喂开始，丁泽良慢慢与这两头江豚建立了信任关系，到最后这两头江豚都能够主动游到丁泽良身边从他手上取食。而夜晚的天鹅洲故道，一片漆黑。丁泽良打着手电蹲在网箱边上，等待着两头江豚前来进食。慢慢地，丁泽良摸索出每头江豚的摄食喜好，知道怎么给不同的江豚搭配不同的饵料。

除了常规的喂食工作，丁泽良还进行定期巡视与网箱清洗。由于江豚饲养在室外，不可控制因素非常多，丁泽良在两餐之间进行巡视，并及时清理漂浮在水面的死鱼、塑料片、树叶等杂物，防止被江豚误食；同时注意掌握天气突然变化时江豚的活动情况，通过反常行为及时发现疾病征兆。网箱每 2 个月进行一次清洗。夏季时，天天和洲洲被放置于长 10 米、宽 10 米、深 7 米、网目 8 厘米的网箱内饲养，并在网箱上设置遮阳网，减少阳光直射；其他时间则放入长 10 米、宽 10 米、深 5 米、网目 6 厘米的网箱内饲养。

为了减少、预防疾病发生，充分了解江豚的生长、发育情况，保护区管理处与中国科学院水生生物研究所每 1 ~ 2 个月对江豚进行一次体检，将超声检测应用于江豚性腺发育的监测及研究，也为全面了解江豚繁殖生理状况提供更为客观准确的生物学信息。

保护区管理处和中国科学院水生生物研究所在 2008—2009 年这两年，对天天和洲洲的体长、体重等数据进行了测量分析。天天和洲洲基本表现出正常的体长、体重增长模式，体长、体重均呈现出连续增长的趋势。2008 年 4 月，天天和洲洲体长分别为 120 厘米和 114 厘米，1 年后分别为 135 厘米和 131 厘米；体重呈季节性变化，主要表现为夏季体重的下降和冬季体重的迅速增加，但总体上呈明显增加的趋势。2008 年 4 月，天天和洲洲的体重分别为 33.8 千克和 29.6 千克，1 年后分别为 41.7 千克和 40.05 千克。两头江豚体围的变化也表现出类似的规律，冬季体围增大，夏季体围则明显减小。

时间来到 2010 年，遭受冰冻灾害后，江豚种群恢复如何，也一直是科研人员和保护区工作人员心中的牵挂。为此，中国科学院水生生物研究所联合湖北长江天鹅洲白鱀豚国家级自然保护区对天鹅洲故道展开了为时 7 天的江豚普查。通过普查发现，在 2008 年遭受冰冻灾害后受伤江豚的伤势全部恢复，体质与体形都恢复到野外江豚的最好状态。而且 2008—2010 年新出生了 8 头小江豚，另外还有 4 头母豚正处于怀孕状态。

通过江豚普查，科研人员发现故道中江豚的数量，包括生活在网箱中的天天和洲洲在内，一共是 28 头，种群数量也恢复到受灾之前的水平。不仅如此，科研人员在普查中还发现，故道中江豚种群的性别比例也发生变化。2008 年体检救护时发现江豚中雌雄比例严重失调（雄性和雌性的比例为 1.5∶1）；这次体检中发现江豚性别比例达到 1∶1。这也就意味着在故道内生活的江豚群体繁殖数量将会逐渐加大，种群数量将会进一步增加。这个结果一扫冰灾带来的阴霾，也让科研人员对未来故道江豚种群数量的上升充满了期盼。

长江江豚网箱饲养取得了成功，也让保护区和科研人员想要进一步开展长江江豚人工网箱繁育项目。在这次普查中，科研人员和保护区又引入一头雌性江豚，取名为“娥娥”。这也算是为网箱中饲养两年的天天和洲洲这两个“单身汉”，娶了一个“媳妇儿”。

2011 年 4 月，天鹅洲故道“网箱饲养长江江豚”项目通过湖北省科学技术厅组织的科技成果鉴定。同年 8 月，由保护区管理处和中国科学院水生生物研究所共同完成的“网箱饲养长江江豚”项目，被湖北省科学技术厅认定为湖北省重大科学技术成果。

“催生”成功

时间转眼来到 2013 年，在丁泽良的精心照顾下，作为天天的“媳妇儿”，娥娥也逐渐长大。朝夕相伴的天天和娥娥，在这 100 平方米的网箱中过着甜蜜的“二人世界”：一起出水呼吸着新鲜空气；一起在网箱里游泳造浪，展示着自己骄人的本领；一起围捕着进入网箱中的小鱼，把它们当作开胃“小零食”。

又是一年的繁殖季节，随着故道水温的逐渐升高，天天的“爱情攻势”也愈加猛烈，娥娥终究还是沦陷了。定期为天天和娥娥进行健康体检的科研人员，根据血清和 B 超影像等体检结果，发现娥娥怀孕了！这一好消息让天鹅洲保护区所有人员都感到振奋，就像是盼了多年的愿望，终于要实现了。然而就在所有人员都沉浸在喜悦中时，意外也悄然降临。

“娥娥流产了！”

在后期的健康体检中，科研人员失落地宣布了这一结果。

失落的，不仅仅是科研人员和保护区工作人员，可能还有天天和娥娥这对“小夫妻”。好在天天和娥娥一直在努力，第二年科研人员又发现娥娥怀孕了，紧接着没过几个月又再次流产了。这让所有人的心里打起了鼓：到底是哪个环节出了问题？

如果说一次流产是意外，那么连着两年均出现流产状况，就不得不进行深入探究了。与全人工条件下江豚饲养繁育不同的是，在网箱中开展江豚繁育，有许多不可控制的环境因素存在，还有一些是科研人员从未遇到的情况。

科研人员通过对网箱周边环境监测，回溯两次妊娠失败的原因，认为造成夏季流产的主要原因可能有两个：一是夏季故道表层过度升高的水温对胎儿发育造成影响；二是过度高温造成妊娠母豚食欲下降，同时饲喂江豚的饵料鱼冻藏时间过长，造成大量营养物质流失，从而导致妊娠母豚营养状况恶化，胎儿发育受到影响，进而造成流产。

天鹅洲故道原为长江改道后留下的一段 21 千米长的江段，与长江的连

▼ 天天和娥娥在网箱中戏水（中国科学院水生生物研究所　供图）

通早已被切断，成为静水水体，在夏季呈现明显的水温分层现象。科研人员通过监测，记录天鹅洲故道夏季最高表层水温可以达到 37℃，底层水温一般在 26 ~ 28℃，统计表层水温 30℃以上的时间就超过两个月。而鲸类动物的中性温区，一般为 13 ~ 28℃。因网箱深度对江豚潜水活动的限制，江豚大部分时间处于较高的环境温度下，高水温会影响江豚的行为和生理活动，特别是对于妊娠期母豚及其胎儿发育产生严重影响。

2015 年 5 月 11 日，郝玉江带队在对网箱中的娥娥进行例行健康体检时，通过血清孕酮监测，发现娥娥再次怀孕。这让科研人员和天鹅洲保护区又迎来了期盼，但期盼的同时心中不免又有一丝担忧：多次流产的娥娥，这次是否又会流产？

如何避免孕豚流产，让娥娥能够顺利度过夏季妊娠高危期，成为郝玉江心中的头等大事。根据前期监测结果，结合前两次妊娠失败原因，郝玉江向天鹅洲保护区开出“保胎药方”：建议保护区设法降低网箱水域表层水温，同时从改善高温季节江豚饵料鱼的质量和增强母豚营养两个方面来改善妊娠母豚的生理状况。

天鹅洲保护区根据建议，立即组织人手在娥娥生活的网箱四周增加潜水泵，抽取底层低温水来中和表层过高水温，在网箱顶部加盖遮阳网；同时，使用低温冰箱保鲜，增加解冻冰箱以规范冰冻鱼的化冻程序、在气温高于 20℃环境下使用保温饵料桶添加冰块等手段，来保证妊娠母豚的饵料鱼质量。希望能够通过以上措施来保障母豚获取新鲜充足的营养。

每隔一段时间，郝玉江都会带领学生前往天鹅洲为江豚做体检。9 月的天鹅洲故道已没有了夏日的燥热，郝玉江又一次带队来到天鹅洲为娥娥进行产检。随着 B 超探头在娥娥腹部来回滑动，一张清晰的胎儿影像在屏幕上显现，郝玉江和保护区工作人员脸上都露出了开心的笑容。这剂“保胎药”效果非常显著，娥娥也没有让大家失望，成功度过了夏季的高温，胎儿发育状况正常。

随着胎儿的发育，娥娥的肚子也在逐渐凸显，变得越来越大。天天与娥娥“小两口儿”生活的网箱，已无法满足娥娥生产的需要。为了保证娥娥接下来能够顺利分娩，郝玉江协助天鹅洲保护区制订网箱江豚生产繁育方案，为娥娥打造更加舒适安全的大产房，组建保育团队。

作为娥娥的专职饲养员，丁泽良手机上的一列闹钟，显得格外醒目，每天晚上都要起来好几次。据丁泽良讲，他陪伴娥娥比陪伴自己家人的时间都要长，尤其是到了娥娥怀孕后期，为了避免娥娥单餐次摄食量过大，须采取少食多餐的方式，丁泽良几乎就住在了网箱附近的值班室。

2016 年 5 月，根据江豚 1 年的怀孕周期计算，已经怀孕 12 个月的娥娥，随时都有可能分娩。由于天鹅洲保护区没有江豚分娩经验，为了保障网箱江豚分娩顺利，王丁指派郝玉江前往天鹅洲保护区提供技术指导。

5 月 22 日凌晨，值班观察人员通过监控发现母豚行为异常，近距离观察发现幼豚尾鳍露出，之后母豚娥娥的行为比较稳定，甚至缓慢游动到观察人员面前长时间停留。

“出来了！出来了！”观察人员兴奋地叫道。

在经历了 2 小时 10 分钟的努力后，凌晨 3 时 30 分，娥娥在一次深潜水后，幼豚顺利出生并跃出水面，呼吸了第一口新鲜空气，随后母豚浮出水面。

与大多数初次分娩不知所措的江豚不同的是，娥娥的母性非常好，在幼豚出生仅仅 2 分钟后不顾生产的剧痛，就开始积极看护自己的新生宝贝。

由于新生幼豚对这个环境还非常陌生，方向感差、声呐功能还不完善，在网箱中横冲直撞。尽管没有过抚幼经验，娥娥却表现得像一个非常有经验的母亲，对幼豚照顾得无微不至，不停用身体快速阻挡冲向网衣的幼豚，并用头将幼豚温柔托起，帮助它正常游动和呼吸。1 小时后，幼豚的游泳能力趋于正常，游泳速度慢下来，紧跟母豚左右，不再撞网了。

不同于人工环境下清澈透亮的水体，可以清晰地观察到江豚的行为，网箱因与故道连通，水体透明度不高，无法监测江豚水下行为。幼豚能成功吃到母乳是成活的关键。由于无法看到娥娥与小江豚在水下的行为，也就无法判断小江豚何时能够吃到母乳，郝玉江和天鹅洲工作人员一直守候在网箱边上，时刻关注着幼豚的体力以及母子豚的行为发展，判断母子关系能否成功建立。

等待，焦急地等待。

众人一直守候在网箱边上或值班室内，一夜未眠。第二天早上 8 时 30 分，观察人员清晰地观察到一次母豚在水面的哺乳行为。众人悬着的心才终于放了下来。小江豚也算是顺利度过了分娩过程中的 3 个重要阶段。

分娩的母豚注意力大多在幼豚身上，满足母豚的营养需求就成了科研人员的任务。为了满足母豚的营养需求，丁泽良每隔两小时就要进行饲喂。夜间他不放心娥娥母子安全，睡不踏实。只有伴着娥娥的呼吸声，丁泽良才能入睡。

1 年后，网箱中一头肥肥胖胖的小江豚在水面上露出顽皮的脑袋，紧跟在娥娥的身边。郝玉江带队为小江豚做了“豚生”的第一次健康体检，确定娥娥生下的是头雌豚。为了帮助幼豚适应群体生活，天鹅洲保护区决定让它们一家三口团聚。小江豚也正式被取名为“贝贝”。

贝贝的顺利成活，为江豚在半自然状态下的饲养和繁殖研究积累了新的经验和数据，为人工半自然水体中的江豚繁育储备了一项新的技术，使江豚迁地保护技术更趋向全面和完整。

网箱有“女”初长成

抓不住的时光，总是走得飞快，一转眼贝贝已经在网箱中度过 4 个春秋。

从小在网箱中长大的贝贝，在丁泽良的照顾下，过着“饭来张口”“丰衣足食”的生活。良好的食欲，也让贝贝的体重比野外同龄江豚的平均体重要多出 15 千克，是一个十足的“胖妞儿”。网络上曾广泛传播着一张飞跃起来的胖江豚，有人戏称为“会飞的猪”，这张照片的主角就是贝贝。在“以胖为美”的江豚家族里，贝贝是一个标准的青春靓丽“美少女”。

2020 年，贝贝体重达到 60 千克，体长 141 厘米。科研人员根据年龄、

▼“飞翔的”贝贝（丁泽良　摄）

体长和部分生理指标判断，贝贝在夏季将进入“豚生”的重要时期——青春期。在这个情窦初开的年纪，正是追求爱情的美好时刻。为了让贝贝能够找到自己的“白马王子”，天鹅洲保护区决定在2020年繁殖季节到来时，通过软释放的方法将贝贝释放到天鹅洲故道自然水域中，让它到更广阔的天地，融入故道的江豚群体中，去参与故道江豚种群的繁殖。

9年前，同样是在这片水域，科研人员超前布局第一次大胆尝试江豚野化放归，提前储备了技术力量。这一次，刚好可以为贝贝服务。但与阿宝和洲洲野化放归不同的是，阿宝和洲洲都是在故道中出生，成长几年后才被人工豢养的，都有过野外生存经验。而贝贝则是从小就在人工网箱中长大，从来没有接触过外界环境。可以说贝贝的软释放是第一次真正意义上的野化放归，也是对江豚野化放归这个技术链条的检验。

为了让这个从没有见过大世面的“胖丫头”能够顺利安全地释放到故道水域中，天鹅洲保护区委托中国科学院水生生物研究所作为技术支撑单位，协助进行软释放。作为项目技术负责人员的郝玉江为贝贝准备了野化放归“四步曲”：第一步是适应吃活鱼；第二步是驯化主动捕食活鱼；第三步是将贝贝释放到一个设置好的大围栏中，在这个更接近长江故道的环境里，跟踪观察贝贝行为的变化以及正常捕鱼的过程，通过环境适应或大空间适应，让贝贝尽快适应野放环境的转化；第四步是释放及后续监测。

江豚野放驯化是一项专业科学训练，需要根据江豚摄食情况、行为发展变化评估江豚状态。2020年初，因为湖北尤其是武汉的人员，出行流动相对艰难，所以在离汉通道关闭前夕就返回山东老家休假的白鱀豚馆训练员郭洪斌，成为贝贝训练的不二人选。2020年4月，几经辗转的郭洪斌，终于赶到天鹅洲，开始对贝贝进行专业野化训练。

不料野放驯化刚开始，贝贝就让科研人员遇到一个头疼的问题。在丁泽良辛勤的照顾下，4年的网箱生活，贝贝一直吃的都是冰冻饵料鱼，过着“饭来张口”的日子。突然开始要给它换换口味、加加餐，让它进食活鱼，并学习捕鱼技能，这让“胖丫头”有些不适应，立马耍起了小脾气，每顿仍然只吃冰冻鱼，特地给它准备的新鲜活鱼是坚决不吃。对于学习追捕活鱼技能，“胖丫头”更是怎么也提不起兴致。为此，科研人员想了很多办法，经过反反复复地训练，贝贝才终于有了些许进步。

短暂“挑食”，让这个近百斤重的“胖丫头”瘦了一圈，喂了它4年的丁泽良看得满是心疼。但为了贝贝能够走出网箱，去到更大的天鹅洲故道水域，只能咬牙坚持让贝贝学会独立。

经过两个多月的网箱捕食训练后，科研人员对贝贝进行体检，确认身体健康没有异常后，他们将贝贝转入2万多平方米的大围栏中继续进行野化训练。这也是贝贝第一次走出网箱，离开生活4年的“家”，来到更大面积的水域。刚进入大围栏的贝贝，就像是进了城一样，迫不及待地在里边肆意畅游，探索着新世界。

“轰轰轰……”

一阵马达声由远及近，郭洪斌驾驶着小船来到围栏附近，开始监测贝贝的活动情况。

夏季多雨。进入7月，连续的暴雨让1200米宽的天鹅洲故道水域上升4米。洪水漫过了岸边的大坝，直扑保护区办公大楼。

“不好了，贝贝的大围栏被淹了！”监测人员报告道。

原计划7月8日在天鹅洲举办迁地保护30周年活动时释放贝贝，连日的强降雨让所有人员都担心不已。为了贝贝的安全，保护区管理处决定提前释放贝贝。

望着贝贝消失的身影，在场的人员满是不舍。由于技术的限制，贝贝进入故道后，无法对它进行远距离、长时间的监测。与网箱环境相比，天鹅洲故道水域环境地形、水流都要复杂得多，以后只能靠贝贝自己去学会识别、利用和躲避水流的变化、水位的涨落了。贝贝能够适应吗？郝玉江的心中五味杂陈。

“快！娥娥不吃东西了……”

2020 年 6 月 10 日凌晨 2 时 15 分，就在贝贝被送入大围栏进行野化训练的前两天，娥娥又顺利诞下一头雄性小江豚。

刚送走了贝贝，又迎来了新生。不仅可以填补天天和娥娥内心的失落，也让大家内心充满了奋斗的希望。

2020 年 8 月 19 日凌晨，漆黑的夜空中，一道惨白的闪电划过，天空像是撕裂了一道口子，紧接着响亮的炸雷打破了夜晚的宁静，倾盆大雨顺势而下。夏天的暴风雨来得就是如此的迅猛。

正在熟睡的丁泽良也被这响亮的雷声惊醒，不顾外面的狂风暴雨，穿上雨衣立马从家里冲出，直奔故道上的网箱而去。在从事网箱饲养管理工作的十几年中，丁泽良心中始终绷着一根弦——江豚不能出事。因为极端天气的出现，对安置在故道上的网箱会产生严重的威胁，可能会导致生活在网箱里的江豚出现安全事故。

冲到故道边上的丁泽良，被眼前的雷暴天气震惊了：一道道惊雷在网箱附近不断炸响，受狂风影响的网箱在水面上来回剧烈晃动。受到惊吓的娥娥，在网箱中不断地快速腾空跳跃。刚出生两个月的小江豚，也因为受到惊吓而努力想追上妈妈的身影，用尽力气在网箱中快速游动。

40分钟过去了，“雷公”的怒吼也逐渐停歇。剧烈跳动的娥娥逐渐恢复了平静，不放心的丁泽良在网箱边上静静观察，确认江豚游泳无异常之后，才安心回家。

次日的天鹅洲又恢复了往日的平静，仿佛昨晚的暴风雨从未来过。丁泽良拎着鱼桶来到网箱边给娥娥喂食。平日里听到丁泽良来到网箱的动静就很快靠近摄食的娥娥，却一直在网箱中来回游动，并不靠近摄食。小江豚也紧紧跟在母豚娥娥的身边。娥娥长时间不靠近摄食，这可急坏了丁泽良。即使采取抛投方式，娥娥也只是偶尔捡食一两条，一天下来摄食量从高峰时期的3千克骤降至300克。第二天的情况更糟，前一天还偶尔张嘴进食的娥娥，完全停止了进食。

还在抚幼的娥娥突然停止进食，让天鹅洲保护区的领导担心不已，立即向中国科学院水生生物研究所求助。对于正处于哺乳期的母豚来说，突然停止摄食，除了影响自身健康外，还会威胁到幼豚的生存。母豚摄食量不足，必然会导致幼豚无法摄入足够的能量。

7月刚在天鹅洲结束贝贝野化放归项目返回武汉的郝玉江，接到求助电话后，立即带领白鱀豚馆兽医又向天鹅洲保护区赶去，对娥娥进行体检、救治。

当触碰到娥娥的那一刻，郝玉江惊呆了，“皮肤咋这么僵硬？”娥娥的皮肤，完全没有了往日吹弹可破的弹性。通过体表、血细胞和血液生化检查，结合B超观察、血液细菌培养等手段，郝玉江对娥娥的病情进行了初步分析诊断，同时也通过电话与海昌海洋馆资深兽医进行交流，针对娥娥的病情制订了救治方案。

对长时间没有开口进食的娥娥，已经无法采取传统治疗手段——将药物塞进鱼体内进行给药治疗，只能采取人工干预治疗，郝玉江决定立即对娥娥实行插管灌胃治疗。

经过连续两天的灌胃治疗，娥娥的病情终于有了起色，逐渐主动摄食了，日摄食饵料鱼的总量也开始缓慢增加。但是，娥娥的行为表现，依旧存在很大问题，没有了以往进食时的灵活，身体呈现僵直状态，甚至转弯都存在困难。

为了救治娥娥，郝玉江不断与国内其他专家沟通，优化治疗方案。随着治疗进程的推进，娥娥一度表现出旺盛的进食欲望，摄食量甚至恢复到正常水平，但血液检测结果却显示着各项异常指标依旧没有明显改善，甚至有加重的趋势。娥娥时好时坏的食欲，让所有人的心情跟过山车一样时上时下。

与此同时，由于娥娥前期长时间没有进食，导致停止分泌乳汁。刚刚两个月大还在吃奶的幼豚，由于无法正常摄乳，原本圆滚滚的身体也逐渐消瘦。

这可急坏了所有人！

根据科研人员在人工环境下对江豚繁育的研究，正常幼豚哺乳期在 6 个月左右，然后才能逐渐以饵料鱼为主要食物来源。望着这个可怜的小江豚，所有人员满是心疼。为了保住幼豚的生命，丁泽良采用灯光诱捕的方法，在故道中为小江豚寻找适口的新鲜小鱼，尝试用小鱼诱导幼豚进食。

起初，面对投在面前的小鱼，还未断奶的小家伙显然不感兴趣，拒绝进食小鱼。但迫于空荡荡的肚子，小江豚终究还是向饥饿低头，被迫提前开口尝试进食小鱼。刚开始学会进食的小江豚，进食效率难免较低，为了满足小江豚的能量供给，丁泽良每隔几小时就要给小江豚喂上一顿，有时在网箱边上一蹲就是半个小时。

深夜的天鹅洲故道，四下漆黑，网箱顶的灯光显得格外刺眼，将丁泽良的身影拉得老长老长。

2020 年 9 月 4 日，娥娥又停止了进食，病情开始严重恶化。娥娥长时间漂浮在水面，无法下潜，呼吸微弱。

9 月 6 日凌晨 3 时，监护人员发现娥娥偶尔出现下沉现象。为了防止娥娥呛水，郝玉江组织人手立即采取人工干预措施，用担架将娥娥相对固定在网箱边上，让其身体半浮在水中，并立即实施抢救。

看着池边正在输液抢救的娥娥，幼豚在周围一直不停地盘旋游动，陪伴着娥娥，并多次试图用自己幼小的身躯将母豚托起，甚至导致了自己呛水。在场人员看到幼豚依恋母亲的这一幕，无不为之动容。为了幼豚的安全，郝玉江只好忍痛将母子分开，把娥娥转移到小型网箱继续进行后期的治疗，将幼豚的父亲天天转运过来陪伴幼豚。面对这个初次见面的父亲，幼豚开始有些紧张，在网箱中不断快游、跳跃，10 分钟后逐渐安静下来，半小时后偶尔可以看到父子同游的现象。

在娥娥被转移到另一个网箱中的治疗期间，幼豚表现得非常焦躁，时常跳跃，同时还出现长时间摩擦靠近母豚网箱一侧网衣的行为。奈何科研人员没有携带声学记录仪器，不能进行录音记录，但可以大胆推测此时的母子豚之间，可能仍保持着密切的声音沟通。

经过几天的抢救，娥娥的病情始终没有好转，只能靠输液治疗短暂维持生命。娥娥长时间在水面漂浮，不能下潜，甚至身体都不能保持平衡。在担架上输液，网箱周边的小鱼小虾都开始啃食它的身体。

2020 年 9 月 10 日 8 时 48 分，娥娥失去生命体征。

为了确定娥娥死亡的真正原因，郝玉江立即组织对娥娥进行尸检解剖。结合血液检查以及组织病理观察，判断 8 月 19 日极端雷电天气是造成娥娥发病直至死亡的最主要环境因素。雷击过程对娥娥造成严重应激，使其身体局部肌肉长时间持续紧张，造成肌肉组织损伤、溶解，大量肌红蛋白进入血液。这一过程可能呈现渐进加速的过程，也是造成娥娥病情持续恶化的最根本原因。

娥娥的死亡，让天鹅洲保护区和科研人员陷入了悲痛之中。娥娥可以说是一个英雄母亲，也是一个“功臣”。早年历经多次流产，终于在 2016 年首次成功分娩，让人工网箱繁育研究迈出了巨大的一步。谁也没有料到，娥娥会突然死亡，还留下了刚满 3 个月的“儿子”。

幼豚的免疫系统尚未成熟，又缺少母乳的供给，能否顺利存活下来，谁也不知道。但丁泽良从未想过放弃。经过两年的时间，小江豚终于在丁泽良的精心照料之下，成功活了下来。

第十二章
从天鹅洲到何王庙 / 集成故道

2008 年的冰灾和 2011 年的极端干旱都给天鹅洲江豚种群带来了巨大风险，随着种群进一步扩大，近亲繁殖、极端气候、流行病等因素对种群增长的潜在不利影响持续凸显。因此，为了避免单个种群的灭绝风险，也必须在天鹅洲迁地保护区之外，建立多个新的江豚迁地保护区……

新困局

天鹅洲江豚种群自 2010 年后增长迅速，截至 2021 年故道种群数量达到 101 头，种群平均年净增长率超过 20%，天鹅洲故道江豚种群在不断壮大的同时也出现了隐忧。

由于早期天鹅洲故道的江豚都是从长江武汉以上江段引入的，与长江江豚自然种群相比，天鹅洲群体的遗传多样性及代表性相对较低，并且存在进一步下降的风险。科研人员通过研究发现天鹅洲故道的江豚近交系数高于自然种群 6 倍，存在近亲繁殖的迹象。为了减少和避免天鹅洲故道江豚的近亲繁殖行为，提升江豚群体的健康水平，早在 2015 年科研人员就推动实施长江江豚迁地保护工程，即从长江中下游地区鄱阳湖捕捞挑选一定数量的江豚作为优质种质资源，投入其他水域，扩大自然迁地保护规模。

截至 2023 年，我国陆续建立了包括天鹅洲在内的 4 个江豚迁地保护种群。在农业农村部和湖北省水产局以及其他相关部门统一协调下，对 4 个种群的江豚进行了种质互换工作，随着一次次迁地保护工程同步展开，天鹅洲故道江豚遗传多样性有了明显的改善。

在 1998 年之前，由于故道与长江自然连通，特别是夏季洪水季节故道上、下口均可与长江干流连通，故道中江豚在夏季容易出现逃逸；1998 年在天鹅洲故道和长江之间修建了沙滩子大堤，仅通过下口的天鹅洲闸与故道相通，故道在大部分时段成了一个完全封闭的水域。根据故道水域面积和鱼产力估算，天鹅洲故道江豚的环境容纳量约为 90 头，2021 年捕捞体检调查结果显示，目前种群规模已经接近或者超过了其环境容纳量。

科研人员在体检过程中还发现天鹅洲故道江豚整体肥满度下降，可能提示故道渔业资源相对不足，需要通过加强故道洲滩保护、建立合理的故道水位调节机制、改善故道水环境、增加小型渔业资源、研究故道生态渔业资源管理模式等措施来提高故道江豚的环境容纳量。

“保种”迫在眉睫

2012 年是一个关键的年份，长江水生生物多样性快速衰退的现状引起了政府高层和大众密切的关注。

尽管 2006 年王丁带队组织的首次长江淡水豚考察，宣告了白鱀豚可能已经功能性灭绝，但是在当时高亢的经济发展浪潮中，这么重要的信息，

▲鄱阳湖的江豚（孙晓冬　摄）

并未在整个社会层面引起足够的重视，其主要表现是相关的保护措施和社会宣传等并未得到实质性的加强。

作为长江淡水生态系统的旗舰物种，白鱀豚的状况指示着长江淡水生态系统的健康状况，它的灭绝显示了人类活动给这条巨大的河流造成的深刻影响。大家担忧的是，在不经意间，还有多少没被关注的物种像白鱀豚一样已经消失，这条河流能否支撑人类社会的持续发展。而这，是全球所有河流普遍面临的生态压力。

2012 年底，农业部组织开展了第二次长江淡水豚考察。考察持续了 44 天，覆盖了长江中下游干流和洞庭湖及鄱阳湖。这次考察与 2006 年相比有很大的不同，除了科研机构外，还邀请了长江中下游沿线的豚类保护区和社会志愿者参与。与此同时，农业部也制订了周详的科普宣传计划。由央视、地方媒体和自媒体等组成的宣传团队，在整个科考期间进行了密集的以长江江豚保护为主题的科普宣传。也是借由这次考察，长江江豚的保护开始大范围进入地方政府和社会公众的视野。

这次考察仍然没有发现科研人员心心念念的白鱀豚，长江江豚数量也下降至 1045 头，其中干流仅存 505 头，鄱阳湖 450 头，洞庭湖 90 头，年下降速率增加至 13.73%，呈显著的加速下降趋势。王丁他们又进一步按照世界自然保护联盟物种生存委员会（IUCN/SSC）的评估标准，建模估算了未来种群的灭绝风险。未来 50 年内，超过 86% 的现存种群将会消失。按照目前的种群趋势，如果不采取积极有效的措施，长江江豚极可能在未来 10 年内灭绝。基于这些结果，2013 年长江江豚被 IUCN 调整为“极度濒危（CR）”级，如果种群不能得到有效恢复，接下来就是野外灭绝。

王丁和他的团队在考察开始之前对江豚种群极度濒危的现状和加速衰退的趋势，就有所预料，但是这个结果比他们预测的最差情况还糟糕。密集的航运、数量繁多的捕捞船只和如火如荼的港口建设，不经历实地考察，可能很难想象。

考察途中，望着长江岸边码头上的吊机，王克雄生动地将它们比作红鹤——站在岸边随时准备飞翔的红鹤。好奇的梅志刚曾试图每天统计这些“红鹤”的数量，但坚持几天最终还是放弃了，实在是数不胜数。

王丁和他的团队从来都不是悲观的保护主义者，但当考察结果出来后，大家一致认为按照长江环境变化的趋势，长江干流和湖区威胁长江江豚生存的因素会持续存在，在可预见的时间内很难逆转。因此，长江江豚自然种群加速衰退的形势短期内也难以逆转，长江江豚的保护已经进入最后的

“保种”阶段！

实际上，在考察结果公布之前，长江江豚的保护管理部门和科研人员对此就早有共识。

2012年，农业部在武汉召开全国长江豚类保护工作会议，与会的水生野生动物保护专家及沿江的渔政管理人员一致认为长江江豚已经极度濒危，认可长江天鹅洲故道江豚迁地保护成效明显，这是当前最急迫和最有效的保护手段，应予以推广。此外，多年来天鹅洲故道中长江江豚数量不断增加，天鹅洲长江江豚将会很快达到该水域的最大承载量。并且，2008年的冰灾和2011年的极端干旱都给天鹅洲种群带来了巨大风险，随着种群进一步扩大，近亲繁殖、极端气候、流行病等因素对种群增长的潜在不利影响将会持续凸显。因此，为了避免单个种群的灭绝风险，也必须在天鹅洲迁地保护区之外，建立多个新的长江江豚迁地保护区。

此次会议形成了“不放弃就地保护，积极加强迁地保护，扩大人工繁育规模”的长江江豚拯救性保护方针。随后，农业部委托王丁和他的团队编制了《长江江豚拯救行动计划（2016—2025）》，其中，重要的内容就是在长江中下游流域挑选合适的栖息地，建立新的长江江豚迁地保护区。

又一个“桃花源”：何王庙 / 集成故道

通过总结系列研究成果，科研人员建立了长江江豚迁地保护水域选址技术标准，包括候选水域的自然环境质量、生物资源本底、社会经济条件、管理能力、种群发展空间等指标体系。按照这个标准，王丁和他的团队对整个长江中下游流域的长江故道、湖泊和水库等水体进行了初步筛选，按照分值排序，挑选了排名最靠前的5个水域开展了实地的资源和环境调查。

这一次，科研人员的调查还增加了一项内容，即地方政府对于长江江豚迁地保护的态度。这可能是建立迁地保护区至关重要的一项指标。2011年，天鹅洲保护区的争水冲突也充分说明，只有地方政府和社区认可建立长江江豚迁地保护区，这些迁入的长江江豚才有可能得到较好的保护。

湖北监利何王庙/湖南华容集成故道（两省共管水域）是1968年人工裁弯取直后形成的牛轭湖，上口（西支）不通江，下口（东支）常年自然通江。该故道总长约33千米，宽约1.5千米，高水位时水域面积约7万亩，低水位时约5万亩（面积约是天鹅洲故道的两倍）。故道与长江之间是洪泛区，面积约为5万亩，已无固定居住人口，故道周边无工业活动，水质常年保持在Ⅱ类以上，是排序第一的迁地保护候选水域。

经过现场调研后，2012年10月21日，农业部渔政指挥中心在武汉组织召开建立何王庙/集成故道长江江豚自然保护区协调会。长江流域渔业资源管理委员会办公室、湖北省水产局、湖南省畜牧水产局、湖北省监利县人民政府和湖南省华容县人民政府的有关负责人，以及中国科学院水生生物研究所豚类保护专家参加会议。会议听取了有关长江江豚迁地保护的情况介绍，交流了何王庙/集成故道自然环境及管理情况。与会代表一致认为长江江豚保护形势已十分紧迫，在何王庙/集成故道水域建立迁地保护区、开展江豚迁地保护工作至关重要。在这次会议上，两省主管部门和地方政府还就两省如何合作，共同推动保护区建立等问题进行了研讨。这次会议确定了将要在何王庙/集成故道建立长江江豚迁地保护区，接下来就是按照常规的保护区申报流程开展工作。

2013年至2014年，王丁和他的团队承担了何王庙/集成故道自然资源本底调查、保护区规划和申报的工作。刚刚博士毕业的梅志刚，就被委以重任，牵头开展这项具有极大实践保护意义的工作。青年科研工作者总是充满着激情，承担这项工作的梅志刚每天都干劲十足。然而，这项工作的课题经费有限，多数时候梅志刚都是开着自己的车，拖着仪器和科研人员去（何王庙 / 集成）做调查。

刚刚从事调查工作的梅志刚，对鱼类资源的采样、鱼探仪的设备使用及数据分析都不太熟悉。好在，中国水产科学研究院长江水产科学研究所濒危鱼类保护学科组为他提供了极大帮助，优先保障了梅志刚的设备使用需求，还帮助梅志刚学会了数据分析。

当时湖北方面负责保护区筹建的还是监利县水产局下辖的渔政局，他们每次都积极配合和支持梅志刚。记得有一次去故道中间的集成垸上采集坐标位点时，由于该垸在 1998 年后居民已经完全退出，无人居住，主要是芦苇种植区，道路已经完全损毁，于是李春盛主任开着他自己的白色越野车，载着科研人员深入芦苇荡深处采集数据，一路行进艰难，车辆几乎散架。这次以后，李春盛主任的那辆白色越野车就基本退役了。

当然科研人员这次的收获也不小，除了完成数据采集外，还在芦苇荡徒步穿行了数千米，着实体验了无人区穿越的艰辛。在对保护区进行考察采样的同时，梅志刚还苦中作乐，在休息间隙顺便“考古”，从遗弃的老房子附近找到了疑似“古董”的陶罐。许多个秋日的午后，芦苇在暖风里荡漾的美景，更是让梅志刚常常回味。

考察过程持续了 1 年，其中的辛苦与付出，只有参与其中才会有深刻的体会。有两件事情，令梅志刚印象极为深刻。

梅志刚第一次去何王庙 / 集成故道，是一个阴沉的冬日。科研人员联系渔政站的刘站长，要使用船只做鱼探仪监测。早上登船后，由于天气寒冷，发动机迟迟无法点火，3 个青壮大汉轮流上去摇把，一身大汗。好不容易开船了，由于水面布置有大量的定置网和围网养殖区，预设的考察线路根本没法完成。在这样的水域里面迁入长江江豚，它们可能活不过 1 天！鱼探仪没办法使用，梅志刚只好先做渔民的渔获物调查。等到了凌晨 4 时，刘站长又带科研人员去码头看渔民的渔获。

刺骨的寒风中，码头上一片热闹，一车一车的鱼被渔民用小三轮车运上大堤，大多数都是经济价值不高的小型鱼类。在下面的村庄建有冷库，这些小鱼被送去成堆冰冻，随后被贩卖至附近的养殖场，用作畜禽和鱼类的饵料，价格竟低到几毛钱一斤！渔民们一铲一铲地将小鱼装进格盘，没有任何情绪，只有嘴角的烟头明灭变幻……

另外一次是到了夏季调查的时候。这一次故道的情况，有了很大的好转。监利县水产局花了极大力气，逐步清退了故道内核心水域的围网养殖和定置网，一切向着迎接长江江豚入住的积极方向发展。这一次，令梅志刚难忘的是故道大堤上的落日。那天傍晚，结束考察，梅志刚行驶在蜿蜒曲折的荆江大堤上，落日将天空染成了粉红，浪漫扑面而来，直入心底！

截至 2014 年 10 月，湖北省水产局和湖南省畜牧水产局分别完成了何王庙 / 集成故道长江江豚省级自然保护区综合科学考察报告及保护区规划报告，并上报给两省政府，申请成立长江江豚省级自然保护区。

可是，在迁入长江江豚之前，还需要为它们准备好家园。首先，尽管监利县政府花费了很大力气清除了核心水域的定置网和围网养殖区，但在故道内仍然有 208 户专业渔民，他们主要就是依靠在故道内捕捞维持生计。在 2014 年，对于监利县这样一个以农业为主的县来说，一下子解决这么多渔民的生计，几乎是不可能完成的任务。其次，虽然故道自然通江是保障自

▶ 何王庙 / 集成故道保护区航拍图（中国科学院水生生物研究所　供图）

然环境和鱼类资源丰富的良好条件，但长江江豚迁入后，可能存在逃逸出故道水体的风险，那样的话，所有的努力也将付之东流。因此，必须在故道的通江水道上设置防逃拦网。这两个问题都是亟须解决的。然而，由于保护区尚未正式批复，相应的建设及保护经费没有着落。

面对这些难题，王丁在内部工作会议上表示："何王庙 / 集成故道建立迁地保护区是当前最重要的事情，我们要尽一切努力，以最快的速度做好。"在与监利县及华容县政府沟通后，采取的方案是：在不能完全解决渔民生计和禁止捕捞的情况下，先将故道中部约 14 千米的开阔水面拦起来，作为保护区的核心区，禁止捕捞等人类活动，然后迁入长江江豚。而在拦网外围水域，渔民仍然可以捕捞。这是一个折中的方案，当时也只能如此。可是由此需要面对的新困难则是需要建设两道防逃拦网，钱从哪里来?

随后，王丁他们通过武汉白鱀豚保护基金会多方联系爱心企业捐款，初步解决了一部分问题，但是拦网建设筹款还有一些缺口。因此，在建设拦网的时候，监利县渔政局参与保护区筹建工作的同志们每天都充当劳动力，缝网、焊接、开船，烈日下挥汗如雨。

此时又碰到了新问题，这么长的拦网容易形成网兜，可能会将靠近的长江江豚缠绕住，需要在拦网前设置一套拦截设施。故道中间十几米的水深，普通竹竿不能牢固地插入水底，最好是打入一排钢桩。可困难仍然是钱不够！俗话说，一文钱难倒英雄汉，更何况是需要大量的资金投入。没有经费的支持，一切只能靠自己。常年在江边生活的保护区的同志们，总是能想出来聪明的解决方案。他们在楠竹的底部穿孔，系上绳索，下端连接在沉底的水泥块上。这样不仅便宜，还极好地实现了竹竿随着水位波动自动调整高度。终于在 2014 年底，完成了保护区拦网的建设。

至此，何王庙 / 集成故道已为迁入长江江豚做好了充分准备。

何王庙 / 集成故道的迁地保护取得初步成功

2015 年 3 月，湖南省人民政府和湖北省人民政府分别批准成立省级自然保护区（湖南称集成保护区，湖北称何王庙保护区）。保护区有了正式的名分，接下来就紧锣密鼓地开始准备迁入长江江豚。

2015 年 3 月初，农业部长江流域渔政监督管理办公室批准从鄱阳湖和天鹅洲保护区分别捕捞 4 头长江江豚，迁入何王庙 / 集成故道。科研人员组织渔民首先在鄱阳湖开展了长江江豚的捕捞和体检工作，挑选了 4 头年轻力壮的长江江豚（2 雄 2 雌）。

梅志刚记得那天清晨，第一批两头长江江豚从鄱阳湖边的都昌县城出发，农业部长江流域渔政监督管理办公室、江西省鄱阳湖渔政局和都昌县渔政局的领导们赶到码头送行，还专门制作了横幅——“欢送鄱阳湖江豚远嫁湖南、湖北”。运输途中，江西、湖南和湖北三地的交警接力护送，所有的收费站都提前预留了通道，全程畅行。长江江豚头一次享受了贵宾级别的待遇。

它们到达何王庙 / 集成故道时，由农业部主持，生态环境部、中国科学院和江西省、湖南省、湖北省人民政府参与，在何王庙 / 集成保护区组织了“长江江豚迁地保护工程”启动仪式。大家一起将这几头承载着最大期望值的长江江豚，释放进入故道。

从鄱阳湖到何王庙 / 集成故道，途中运输的时间长达 7 小时，离水运输最大的挑战是怕江豚出现应激反应和挤压内脏。狭窄的运输车厢中，梅志刚和其余 3 位同事分别挤在一个角落，轮流观察它们的呼吸，持续浇水降温，不时调整它们的姿势，以免挤压内脏等。为了避免意外，还安排了一辆备用运输车随行，幸好是一直没有用到它。

第二批运输的时候，雄豚特别活跃，进入水箱后剧烈挣扎了近 1 小时，护送人员被它有力的尾柄扇了好多次。为防止它出意外，途中又加大了一些镇静剂的用量。等到故道边的时候，它却又没有完全缓过来，只能在车上继续护理了半小时。在等待的过程中，雌豚开始出现轻微的颤抖，通常这是极度应激的前兆，可把在场的科研人员吓坏了。随行兽医临时决定要赶紧将它们释放到大水面。其时，中央电视台的新闻直播车已经在现场调试，正准备全程直播释放的过程，无奈只能作罢，他们也失去了一次在全国人民面前传播保护长江江豚的机会，殊为可惜。

长江江豚进入故道后，科研人员立即开展了跟踪观察。很快，它们在经历了环境的探索后，选定了故道靠近中部最宽阔的王家巷水域作为栖息地，并且每天只在这个水域上下游 2 千米范围内活动。也可能是在鄱阳湖见惯了来往的船只，在科研人员每天巡护船只经过时，它们并不紧张，甚至还会在船的附近长时间活动。

2015 年 10 月，根据计划，科研人员又在天鹅洲故道开展了捕豚，挑选了 4 头长江江豚迁入何王庙 / 集成故道。至此，第一批的 8 头长江江豚迁入完成，正式开启了何王庙 / 集成保护区的迁地保护。

长江江豚迁入后，梅志刚也带队长期待在故道和保护区的工作人员一起每天巡护。那个时候没有任何的基础设施，租用了一艘 15 米长的水泥船作为办公场所。通常每天都是六七个人开展巡护，要确保观察到所有江豚都安全。巡护回来后，大家就挤在船的甲板上吃饭。中午时分，太阳将整个船都晒透了，酷热难耐，大家都吃得很快，吃完就赶紧钻到岸边的小树林里

▲ 从天鹅洲故道中向外运送长江江豚（伍志尊　摄）

避暑。到了冬天，寒风冷雨又时时侵入，大家只能围坐在蜂窝煤炉边取暖。就是在这样的艰苦条件下，大家整整坚持了 1 年，每天开展巡护和观测。

到了第二年，科研人员通过武汉白鱀豚保护基金会筹集了经费，在水面建了 4 间简易办公房。房子下面是普通的白色泡沫浮筒，一起风便摇晃得厉害，但这总强于漏风漏雨的水泥船。但这个时候又多了一项工作，要经常捕捉或者驱赶寄生在泡沫浮筒上的老鼠，它们经常啃咬绳索和泡沫浮筒，令人生厌。

2016 年夏天，有一次梅志刚和大家巡护回来，刚进房子，突然就变天了，狂风大作，大家没办法使用小船摆渡上岸，只能等待。风越来越大，房子晃得厉害，各个连接的地方开始出现松动，吱呀作响。心生紧张的梅志刚看到门口有救生衣，恨不得赶紧穿上。然而，看到在场其他人员若无其事地继续聊天，仿佛这点风在他们眼中不值得大惊小怪，梅志刚也只能强作镇定地忍着。

风越刮越大，突然撕裂了窗户，穿堂而过的风将背风一面的墙壁撕开了一个大口子，梅志刚的心一下子提到了嗓子眼。为了安全起见，这个时候大家都主动地去穿救生衣了。所幸在这股强风过后，风势渐小，有惊无险。这次狂风历险让大家印象深刻，以至于当后来保护区终于建成了自己的二层办公小楼，搬进去的第一天，许多人都流下了激动的眼泪！

惊喜，总是在默默付出中突然出现。2016 年 8 月 19 日，科研人员还是像以往一样开展巡视，突然发现不远处的江面，1 头小江豚直愣愣地露出水面！一般出生 1 周以内的幼豚游泳能力还不强，姿势还不标准，会呈现这种大半个身体露出水面的行为。当天下午，梅志刚等人赶紧带上摄像机再一次找到它们，并清晰记录了母子豚出水的画面。从迁入长江江豚健康生活，到小豚自然出生，这也标志着何王庙 / 集成故道的长江江豚迁地保护取得了初步成功。

因此，2017 年 3 月，在农业部长江流域渔政监督管理办公室的领导下，科研人员又协助保护区从鄱阳湖迁入 4 头长江江豚。同年 5 月，工作人员又拍摄证实保护区有两头小江豚出生！长江江豚在保护区实现了连续的自然繁殖，种群有望在近期获得较快增长。

但是，伴随着迁地保护种群快速增长的，并不总是一帆风顺。

在故道建立保护区后，很长一段时间，周边的渔民从心理上并没有完全接受。因为他们世世代代在这个水域捕鱼，突然就被禁止进入故道中间的最核心水域，个人的利益受到了损失，偷捕的情况在早期经常发生。

因此，每次保护区工作人员都要对渔民做很多的宣传和说服工作。科研人员也连续几年协助保护区在周边的村庄开展保护江豚的科普宣传教育工作，尤其是进入当地小学开展宣传教育的效果出乎意料地好。也许是因为小朋友们更喜爱小江豚吧，他们在接受宣传后开始影响自己的父母及家人。逐渐地，大家开始认识到长江江豚需要保护，也接受了与江豚的共处。到了假期，很多人都成群结队地来保护区看江豚，甚至是露营，这也给洲滩环境带来一些影响。当然啦，这些都属于“甜蜜的烦恼”。

后来，保护区大范围拆除故道滩涂围堰养鱼池的过程中，也产生过一些小小的摩擦。到了 2018 年，保护区水域实施严格的禁渔，这些情况总算有了彻底的改观。

2021 年 4 月，由农业农村部组织，从天鹅洲保护区向何王庙 / 集成故道迁入 8 头长江江豚。至此，故道内迁地保护长江江豚的种群数量已经超过 30 头。按照天鹅洲保护区迁地保护群体的发展经验，可以预期，未来几年何王庙 / 集成故道迁地保护长江江豚的种群，将迎来一段快速的发展。

其实除了在何王庙 / 集成故道建设长江江豚的迁地保护区外，2016 年 3 月，农业部还组织在安徽安庆西江故道建立了第三个长江江豚迁地保护基地，并迁入了 7 头江豚。可喜的是，西江种群也在第二年实现了成功的自然繁殖，而且此后也观察到了连续的自然繁殖。通过野外个体补充和自然繁殖，西江故道中迁地保护种群超过了 20 头，即将进入快速发展时期。

再加上在铜陵国家级自然保护区铁板洲小夹江生活着 11 头长江江豚，整个迁地保护长江江豚的种群数量超过了 160 头，并且每年都有 15 头左右的小江豚出生。这些迁地保护种群的持续健康发展，为长江江豚的保护系上了一道牢固的安全绳！

第十三章
江豚首次野化放归长江

迁地保护江豚种群的稳定增加，长江生态环境的持续改善向好，迁地保护江豚的野化放归被提上了日程。迁地保护江豚的最终目的，是要把江豚真正地野化放回长江干流之中，让它们回到原生地……

迁地江豚野化训练

20世纪80年代，临“危”受命的陈佩薰等老一辈科研人员，开启了对我国长江淡水豚类的系统性研究保护工作。在面对长江生态环境不断恶化、长江淡水豚类种群数量快速下降的过程中，针对我国长江豚类的保护，陈佩薰等科研人员开创性地提出了就地保护、迁地保护以及人工繁育相结合的三大保护策略。

迁地保护是保护濒危野生动物的一个保种手段，那么它最终的目标是什么呢？实际上迁地保护是一个过程，而不是结果，它的终极目标是在未来野外环境恢复的时候，能够把这个“种子”重新放归到野外环境，促进野外种群的恢复。

在迁地保护以及人工繁育取得一定进展的同时，我国科研人员也早早就在规划布局，如何将迁地保护区的“种子”长江江豚安全地释放回野外长江之中。

早在 2009 年，湖北长江新螺段白鳖豚国家级自然保护区做规划咨询时，科研人员就根据洪湖老湾汉江水生态环境状况，建议把保护区内的老湾汉江定位为迁地保护种群的一个野化放归基地。野化放归是沟通迁地保护和就地保护的一个桥梁，也是整个江豚保护技术体系的重要一环和关键闭环。新螺段保护区接受了这个建议，历时 13 年，经过一系列的环境改造、设施建设和管理优化，与中国科学院水生生物研究所联合建成了长江江豚适应性训练站（老湾）。

经过多年发展，我国已经建立了 4 个迁地保护种群。2021 年，科研人员在对天鹅洲迁地保护区进行种群普查时发现，天鹅洲保护区从 20 世纪 90 年代初的 5 头江豚发展到 2021 年逾百余头江豚，超过了天鹅洲保护区的最大环境容纳量，必须做出一些调整和迁出。

同时，随着“长江大保护”和“十年禁渔”等政策的推进，长江流域生态环境持续改善，在过往很少发现江豚分布的水域，如宜昌、武汉，逐渐出现稳定的江豚群体。2022 年，第四次长江江豚科学考察其种群数量约 1249 头，实现了历史上首次止跌回升。

迁地保护江豚种群的稳定增加，长江生态环境的持续改善向好，让科研人员更加有底气向国家主管部门申请开展迁地江豚的试验性野化放归，让它们真正回到长江中，回到它们的原生地。

生活在保护区的江豚，过着丰衣足食、无忧无虑的生活，要想将它们

▲ 天鹅洲江豚体检起水（伍志尊　摄）

安全地放归环境复杂的长江中，则需要进行一系列野化训练，培养锻炼它们的相关能力。

2021 年 4 月 28 日，经过上级主管部门的批准，在完成湖北石首天鹅洲故道江豚种群普查后，科研人员挑选了两头亚成体的雄性江豚，转运到湖北长江新螺段白鱀豚国家级自然保护区的老湾汉江后正式开启迁地江豚的野化训练。

经过两个多小时的运输，两头江豚在舒缓池短暂适应后，被顺利放入老湾汉江中。可能它们还不知道，这里距离它们真正的“家”——长江，仅仅一步之遥。

从石首天鹅洲到洪湖老湾，两头江豚突然转入新的水域环境，对于科研人员来说，最重要的是要确保江豚安全。放心不下它们的梅志刚每天带着团队沿着岸线追着江豚跑，跟着两头江豚观察它们有没有捕到食物，它俩是不是合群，在哪些地方待着，从上面游到下面的时间。除了肉眼观察之外，科研人员还在故道中安放水下声音记录仪，监测它们在水下捕食等行为的节律。

一连半个月的追踪监测，看着这两头江豚逐渐适应着老湾汉江的水域环境，梅志刚担忧的心终于放松了下来。

两个月后，随着长江汛期的到来，长江中的水流逐渐漫过潜坝，老湾汉江开始通江，两头江豚也迎来了野化训练中的必要一环——适应长江的快速水流。经过几十年的发展，天鹅洲故道相当于是静水湖泊了，水流速度很慢，而长江干流的水流速度很快，常年在天鹅洲故道生活的这两头江豚没有经历过快速水流，这对它们来说也是一项挑战。科研人员通过观察

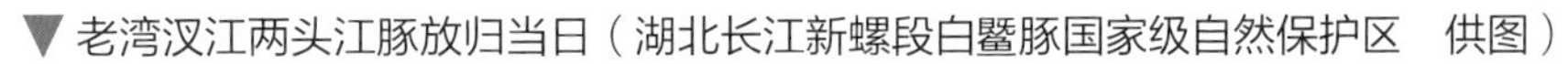

▼ 老湾汉江两头江豚放归当日（湖北长江新螺段白鳖豚国家级自然保护区　供图）

两头江豚在故道上下口巡游时间变化来看它们是否适应。如果巡游时间长，就说明它们劈波斩浪很费劲；如果巡游时间正常，说明它们处于自然状态，会利用缓流水域来避免高流速的影响。

众人全然不知的是，危机也在悄然逼近。

原本为了防止在老湾汉江中进行野化训练的两头江豚逃逸，科研人员在故道上、下游各修建了一处潜坝及防逃栅栏。老湾汉江通江后，长江上面很多漂浮物顺流而下，由于栅栏间距仅为 10 厘米，阻挡了漂浮物的流动，导致漂浮物越积越多，在水流的作用下，防逃栅栏最终没能抵挡住压力，中间的一块栅栏被冲掉了。

这个意外让所有人始料未及。水位还在持续上涨中，为了防止江豚逃逸，保护区工作人员紧急用绳子一节一节拉，一直拉到顶部。同时每天不断地在岸边监测两头江豚的状态，幸运的是，两头江豚并没有“借机”溜走。

在此期间，随着科研人员的监测，两头江豚在被释放至老湾汉江后，随着汉江与长江干流连通，两头江豚逐渐花费更多的时间在上下游之间移动，故道内流速增加，使江豚行为发生改变，需要花费更多时间去适应新环境。好在经历了 40 多天的高流速环境适应期，两头江豚形成了稳定的活动规律，完全适应了新环境。

汛期过后，长江水位下降，老湾汉江又逐渐与长江断开连通。两头江豚又迎来了“回家”的第二关技能修炼——开展躲避船只及噪声适应训练。长江作为我国的黄金水道，每天都有成百上千艘船只在江上航行，水下噪声更是复杂。生活在汉江里的两头江豚，由于汉江中早已实施禁渔、禁航，可以说是生活在“桃花源”中，完全没有历经过“风雨”。要想安全地将两头江豚释放回长江中，就必须对它们进行躲避船只能力训练。

科研人员先后在老湾汉江中人为引入机驳船和渡船，按照规定路线行驶，偶尔停留制造噪声，让它们渐渐学会适应并习惯，监测评估它们受到干扰后的恢复时长。科研人员发现，即使在频繁的船只运动和噪声干扰下，两头江豚始终保持同游，未出现分散逃避的现象。这给了科研人员很大信心。

与此同时，随着冬季的来临，气温下降，2008 年天鹅洲冰灾事件仿佛就在昨日一样，给科研人员留下难以磨灭的记忆。与长江断开连通的老湾汉江也成了静水区，为了防止老湾汉江结冰，出现潜在威胁，科研人员联合保护区启动相关应急预案，准备破冰船，以备不时之需，同时准备水泵制造流水环境防止结冰。

从江豚进入老湾汉江开始，科研人员一直在对汉江中的鱼类资源进行监测，这是因为科研人员担心鱼类资源不够，无法满足两头江豚的基本摄食需求。与天鹅洲故道相比，老湾汉江鱼类资源密度偏低，与长江干流类似。在这么艰苦的条件下，这两头江豚能否正常地喂饱自己，是很关键的一环，也是野化过程中锻炼两头江豚在低鱼类资源密度环境下的捕食能力——这其实也是它们一进入老湾汉江要锻炼的第一项能力。所以科研人员每个月都会专门通过监测来判断它们的营养和健康状况。

果不其然。2021 年冬，科研人员通过监测发现老湾汉江出现鱼类资源不足的情况。老湾汉江作为核心保护区，之所以出现鱼类资源不足，并不是汉江内鱼类资源不够，而是禁渔之后汉江内积累了很多凶猛性的鱼类，这些凶猛性的鱼类同样是以小型鱼类为饵料，吃掉的鱼特别多。这些凶猛性鱼类与江豚形成了竞争关系。为保证两头江豚的口粮，科研人员根据监测的情况，联合保护区开展了多次应急的补饵工作。

转眼到了 2022 年夏天，本应进入汛期的长江，水位却如冬天枯水季一般，甚至还要低，出现了极枯水位。这让老湾汉江与长江干流“牵手”不到两个月，就被迫早早断了“联络”。失去了与长江干流的连通，老湾汉江就无法与长江进行水体交换。与此同时，天气也出现了异常高温，导致水温不断攀升，汉江中的鱼类开始大量出现死亡。不仅汉江中的鱼类出现大量死亡，极端天气导致长江干流、湖泊都出现了大量鱼类死亡。无法与长江进行水体交换的老湾汉江，水质开始变坏，水面上漂浮着大量黏液，形成了一层厚厚的黏膜。望着汉江中大量的死亡鱼类，科研人员担心可能出现一些鱼类的疫病。

保护区立即邀请鱼类有关的寄生虫专家、病毒专家、水质专家以及中国科学院水生生物研究所鲸豚类专家组成联合调查组，开展诊断。根据调查结果及建议，保护区立即采取紧急措施：一是用两道拦网将大量死鱼及黏膜拦住，尽量避免向下游扩散；二是加强故道补饵，弥补大量鱼类死亡导致江豚适口饵料可能不足的问题；三是利用水泵进行水质交换。

三管齐下，终于让这两头江豚顺利度过危机。

两年与三十年

时间转眼来到了 2022 年底。经过一年半的野化训练，科研人员经过评估认为，两头江豚已经具备放归长江的条件，湖北长江新螺段白鱀豚国家级自然保护区正式向国家主管部门农业农村部长江流域渔政监督管理办公室提出申请，将这两头江豚放归长江。

对于江豚放归长江，国家主管部门很慎重。这两头江豚虽然在老湾汉江中进行了野化训练，但是长江干流与老湾汉江的环境相比，还是存在很大的不同，包括船只更多、水流条件更复杂，放出去仍然会面临一些风险。

经历多次专家论证后，最终同意做一些尝试性的工作，但是要做好充分的应急救护预案，同时决定将放归时间调整到2023年春季。

2023年春，随着放归时间的临近，为了实现老湾汉江中野化的江豚顺利放归，又组织了一次专家评审，对放归的各项准备工作细节进行了审查。最后同意尝试开展这次野化放归试验，但提出要加强放归之后的监测，总结经验，形成野化放归的技术操作规范，为未来规模化、规范化的放归做好技术支撑。

历经多次论证，完成所有手续的两头江豚，也终于要踏上“回家”之路了！

为了做好此次江豚放归工作，中国科学院水生生物研究所鲸类研究组的师生们基本上是全部出动。一部分由梅志刚带队奔赴洪湖老湾故道，负责将经过驯化的两头江豚放归长江；一部分由郝玉江带队前往石首天鹅洲故道，负责另外两头江豚的适应性野化。

2023年4月24日，一连几天的阴雨天气，让堤坝边上的泥土都变得十分“黏人”，只有穿着雨靴才能在汉江边上艰难行走。

老湾汉江边上的梁洲码头，4只小渔船在岸边待命，作为现场技术负责人的梅志刚，正在向他们强调捕豚注意事项。虽然参加捕豚的都是跟随科研人员一起有过多年合作且有经验的渔民，但安全仍是头等大事，不管是人员安全还是江豚安全。

一声令下，4只小渔船依次贴着岸边，直向下游方向而去，寻找即将要“回家”的“游子”。

与石首天鹅洲故道相比，洪湖老湾汉江要小得多。大约1小时后，对讲机中传来消息：“江豚围住了！”正在渡船上等待的江豚护理和体检团队，立即招呼师傅开船前去协助。随着铁船的抵近，远远望去，小渔船在渔民的操作下正在飞速地放着拦阻网，不断缩小包围圈。

“怎么只有 4 头？”梅志刚紧张地问道。

是啊，老湾汉江中一共生活了 5 头江豚（2022 年从天鹅洲故道又引入了 3 头），这次只围住了 4 头，漏掉的如果是 2022 年新转入的江豚还好，但如果漏掉的是第二天准备放归的其中一头，就意味着这次围捕失败，还要再去寻找另外一头的下落，重新围捕。受阴雨天气的影响，天色也开始变暗，未必还有重新围捕的时机了，怎能不让人心急？

随着包围圈的缩小，4 头江豚终被众人围起。科研人员赶紧递过 PIT 芯片扫描仪，对江豚背部的身份芯片进行扫描识别。

“嘀！”第一头江豚不是。此刻的众人都在祈祷着，希望那准备放归的两头江豚全部在剩下的 3 头中。

“尾数是不是 42 或者 02？”梅志刚忍不住着急地询问着。

“42！ 42！”随着第二头江豚芯片扫描结果出来，负责扫码的人员大声地报着。

“02 也在！ 02 也在！”

众人紧张的心情，终于在此刻得到了舒缓。这两头江豚随即被大家用特制担架沿着岸边抬到渡船上，对它们进行放归前的身体健康检查后，转移到在汉江中临时搭建的网箱中暂养。为了确保两头江豚的安全，科研人员安排专人对两头江豚进行彻夜守护。虽已进入 4 月，但汉江上的江风依旧很冷，裹着军大衣，烤着篝火才能抵御这般寒意。一夜未眠，只有听着网箱中不时传来江豚出水的呼吸声，守护人员方觉心安。

2023 年 4 月 25 日，连日来的阴雨天气终于停歇，天空放晴。

网箱中的两头江豚“回家”的时刻到了。

由于老湾汊江上游与下游各建有一处潜坝，且在潜坝的内侧各修建了一道栅栏，这主要是为了保证在冬季低水位时满足江豚的生存空间和丰水期防止江豚游到干流中去。载着两头回家江豚的渡船只能行驶到栅栏前，江豚被人工转运到另外一侧的机驳船上，继续向长江干流驶去。一路上，江豚 M42 表现得较为兴奋，扭动着自己肥胖的身姿，动作有点儿大，导致水花四溅，随行护送人员的衣服都被它弄湿了。与江豚 M42 表现不同的是，M02 则表现得相对淡定一些，显得更加沉稳。

伴随着发动机的轰鸣声，机驳船缓缓驶向长江干道，来到老湾夹江的中段附近，而在放归的地点及附近江段的这片水域，也早已被科研人员布下了“天罗地网”。为了追踪放归后两头江豚的踪迹、监测两头江豚的状态，梅志刚为这两头江豚专门量身定制了特殊的“小马甲”。“小马甲”的上面安置有两套小型无线设备，能够持续发射信号，而科研人员早已事先在释放地点附近及上下游近 80 千米的江段上布满了信号接收基站。当江豚在水下潜游时，发射的信号无法被接收到，而一旦它跃出水面，哪怕只有一瞬间，信号也可以发射出来，通过事先安装无线电接收基站，进行信号接收，就可以判断江豚大概在哪个基站位置附近，也可分析释放江豚出水呼吸时间间隔，判断它们的健康状况。另外一种是用便携式无线电接收机进行移动搜寻，方便科研人员开船追踪时，可以更加具体地锁定它们的位置和方向，也便于在发生紧急情况时，能够第一时间应对。

除此之外，科研人员在释放水域的江面上布置了新型的 RPCD 江豚实时声影像监测预警平台。该平台可以辐射方圆 1 千米的范围，昼夜不停地监测江豚的声信号，并联动摄像头实时拍摄，传回江豚的位置和数量信息，

▲穿着“小马甲”的江豚（中国科学院水生生物研究所　供图）

甚至声音和影像。

江豚身体要发育，不能长时间穿戴特殊的“小马甲”。为了保证这两头江豚的安全，马甲不仅弹性十足，科研人员还专门使用可溶解的线材，过一段时间以后“小马甲”会自动脱落。

“1、2、3，走！”随着释放命令的下达，25日上午10时39分，两头江豚翻身跃入江中，彻底回到了长江，回到了母亲河的怀抱。

“快看，在那，船的右前方！”一个声音打断了船上众人搜寻的目光。回到长江的两头江豚，一次深潜水，已经游得距离船只100多米远了，随

▲ 放归长江怀抱的两头江豚（湖北长江新螺段白鱀豚国家级自然保护区　供图）

即几次呼吸，船上的众人就再也看不到它们的身影了！

一头扎入长江怀抱里的两头江豚，终于回到了原生地！但放归后的两头江豚，能不能适应长江的流水环境，能否找到合适的栖息地，更重要的是能不能与野外的江豚合群，它们的安全怎么样，这些都成了科研人员最牵挂的问题。

当时，作为兼任联合国教科文组织人与生物圈计划中国国家委员会秘书长的王丁正在国外访问，无法到达释放现场，但通过视频方式发回祝福。访问结束回到国内的王丁，一下飞机，就立刻拨通了梅志刚的电话，询问放归的两头江豚的状况，然后又马不停蹄地赶赴石首天鹅洲保护区，看望正在那里进行野化适应的两头江豚。

放归后的前 3 天里，通过 RPCD 江豚实时声影像监测预警平台和无线电跟踪系统，科研人员发现放归洪湖老湾江段的“兄弟俩”一直在放归点附近的夹江中，没有离开这片水域。为了让它们自由地适应长江生态环境，尽快与野外江豚种群合群，因此，尽管科研人员很想去看它们，但梅志刚仍然决定不进入夹江打扰，通过自动监测系统观察它们的状况。

3 天后的 4 月 28 日，RPCD 江豚实时声影像监测预警平台上突然多出来一个声信号源，它们相对的位置很紧密，而这片区域内只释放了两头江豚，那么多出来的就是一头野外的江豚，跟它们合在一起了。这让监测的科研人员振奋不已！

虽然根据 RPCD 江豚实时声影像监测预警平台可以分析出放归的两头江豚跟野外的江豚合群了，完成了最关键的一步。但没有亲眼见到，没有办法确认，科研人员仍放心不下。次日，梅志刚立即带队乘船前往长江中去搜寻这两头江豚。

“快看，在那里！”众人的目光齐刷刷地望向 3 头江豚出水的地方。

当亲眼看到身穿背心的两头江豚与另外一头全身光滑的江豚在一起合游时，众人兴奋不已，此刻心底一股幸福的感觉油然而生。

回到长江怀抱的两头江豚，终于迎来了新的小伙伴。3 头江豚在老湾夹江附近的长江干流中，肆意地畅游着。科研人员每天或在岸边，或在船上，或在高滩上，一直追踪监测着这两头江豚。直到 5 月 1 日傍晚，无线电信号突然消失了。之前每天都能接收到它们的无线电信号，而现在信号突然消失，让梅志刚感到很沮丧。

“可能是科研‘小马甲’脱落了吧？”科研人员经过监测分析。

初夏的天气，总是善变。刚迎来短暂阳光沐浴的老湾地区，接下来的两天又连下暴雨，科研人员无法开船出去寻找。但好在通过 RPCD 江豚实时声影像监测预警平台，发现 3 头江豚还在夹江中生活，让沮丧的梅志刚

▲科研人员乘船在江面上搜索放归江豚的身影（中国科学院水生生物研究所　供图）

心里多了一丝安慰。

然而，从5月3日22时起，布置在夹江中的RPCD江豚实时声影像监测预警平台再也没有发现任何江豚的信号，从此科研人员彻底失去了两头江豚的信息。

两天的暴雨终于停歇，5月4日一大早，梅志刚就带团队立即出发寻找江豚。没有无线电信号的指引，也没有科研“小马甲”这样明显的标识物，要想在这宽阔的长江中搜寻哪两头江豚是放归的，无异于大海捞针。所以科研人员只能采取最原始的办法——将这个区域内的所有江豚都找到。

从5月3日22时离开这个区域开始，到5月4日早上，仅过去八九个小时，时间不长，再加上江豚迁移能力也非常有限，应该没有游远。根据分析测算，科研人员决定把这个区域里面所有的江豚都找到，以观察这个区域里面的江豚都是怎么去集群，怎么分布的。

科研人员乘船先向上游方向去寻找，然而没有发现一头江豚，紧接着科研人员又向下游方向去寻找，在下游二三十千米的嘉鱼大桥那里终于发现了江豚，继续向下游直到新滩水域，一路上都有江豚出没。

经过长时间地来回搜寻，科研人员摸清了这个区域里面所有的江豚都分布在嘉鱼大桥到新滩之间的 20 多千米江段内。它们呈现大群分布，没有 1 头或者 2 头江豚单独活动的现象，而且它们都在浅滩、河口或者沙洲的洲头、洲尾等水域活动，这与科研人员历次考察长江新螺保护区的江豚分布几乎是一致的。

与此同时，科研人员也一直在收集死亡江豚的信息，包括下游直到武汉江段。放归江豚的背部植入有 PIT 芯片，连续 1 个月的监测没有收集到任何放归江豚的死亡信息。事实证明，江豚首次野化放归长江已经成功。

实现这一步，在这两头江豚身上只用了两年；实现这一步，从科研人员开创性提出长江江豚迁地保护至今，却用了三十多年！

蛟子河口江豚野化适应放归

2023 年 4 月 25 日，经历两年野化适应的老湾汊江内的江豚，终于回到了长江的怀抱。同一时刻，与洪湖老湾汊江相隔 100 千米的石首江段蛟子河口夹江内，科研人员同样放归了两头迁地保护江豚。蛟子河口江豚短期适应放归试验就此拉开序幕。

迁地保护江豚是否需要一年甚至更长时间的野化训练？更加靠近干流的夹江水域是否能够促进迁地江豚更快适应干流环境回归长江？带着这些疑问，郝玉江带领着团队与天鹅洲保护区合作，尝试开展另一种方式，探索迁地江豚能否通过短期适应进而放归长江。

▲天鹅洲迁地江豚适应性放归水域（蛟子河枯水期）（湖北长江天鹅洲白鳖豚国家级自然保护区　供图）

"这里全长多少千米？现在枯水期下游口仍连着长江，这里好啊！正适合作为放归适应区。""那当然，郝博士，石首到处都是宝啊！"2022年的初春四月，郝玉江与天鹅洲保护区高级工程师龚成正乘坐船只实地勘察位于湖北石首天鹅洲保护区江段的蛟子河口夹江。蛟子河口夹江全长约4千米，两岸间距平均200米，长江枯水期时，仅夹江下游口处留有约1千米长水域与长江干流相连，水质清澈、水流平缓、渔业资源丰富；当长江汛期到来，伴随着干流水位上涨，蛟子河口夹江上游口逐渐被江水漫盖，直至江水穿流而过，全线贯通，水域自然环境与干流基本无异。江豚于枯水期放归夹江后，便可随着汛期的到来，逐渐适应水流加快、水域面积增加、渔业资源减少、捕食难度增加等真实的长江干流环境，因此，蛟子河口夹江可以说是得天独厚的江豚适应放归水域。

江豚放归适应区选定后，放归个体选定便尤为重要。

恰逢2022年长江流域在汛期遭受持续高温干旱，湖北长江天鹅洲白鱀豚国家级自然保护区内天鹅洲故道水域水位持续下降，故道水域面积和水体容量均大幅减少，鱼类出现大量死亡。随着冬季来临，“汛期干旱”导致的故道水位和水域面积严重萎缩，如遇极寒天气天鹅洲故道可能面临极高的结冰风险，对天鹅洲故道内的长江江豚生存环境构成极大威胁，甚至可能对迁地种群造成毁灭性后果。

针对极有可能发生的危急情况，保护区管理处联合中国科学院水生生物研究所紧急开展天鹅洲故道极端枯水应急监测工作，并制定了“天鹅洲故道2022旱情评估预测及江豚保护应急预案”，提出补水节水、调整渔业结构、转移和野放江豚等几个方面的紧急处置预案。

相关预案经批准后，于2022年12月，中国科学院水生生物研究所鲸类保护生物学学科组作为主要实施单位，针对天鹅洲故道内部分江豚开展转移救护工作。同时，借此契机，在与保护区沟通后，学科组预选一雌（5岁，内置ID：1598）一雄（13岁，内置ID：1562）两头健康江豚作为放归江豚后备，一起暂养于天鹅洲故道网箱内。为了纪念这两头江豚首次短期适应放归，同时寄托对它们美好的祝福，科研人员和保护区工作人员为雄豚取名为“放放”，雌豚取名为“闺闺”，期望它们顺利放归，回归长江，健康成长。

经天鹅洲保护区近1年的完善建设，蛟子河口夹江大变样。2023年4

月，郝玉江带领团队再次来到蛟子河口夹江时，原来的土堤已经成了石子路，方便车辆通行，保障江豚运输；夹江两岸设立起“天鹅洲江豚放归适应区”的标识，宣传对放归江豚的保护；3 台视频监控设备正对夹江，24 小时实时监控，有助于紧急事件能被及时发现；渔政趸船停靠在夹江中段岸边，作为巡护监测人员的居所，保证水域安全等。

除了以上的基础设施建设“大工程”，对蛟子河口夹江更是进行了“精装修”。

与清澈干净水面形成鲜明对比的是花花绿绿的夹江岸滩。由于夹江内渔业资源十分丰富，因此吸引来许多的钓鱼爱好者，大量的人类活动造成垃圾污染。最终，经过学科组老师、同学与保护区工作人员近 20 人的捡拾，收获了 10 多袋垃圾“战利品”。同时，通过渔船拉网对夹江水域进行“大扫除”，清除了大量残留的渔网。

排除危险后，科研人员在夹江中安装了 3 台声学设备，以方便监测两头江豚在水域中的动向，同时不间断地记录江豚的声学信号，保证后续江豚发声行为规律的分析。

江豚新家园建设的最后一步，便是安装一款专为江豚设计的“竹帘大门”。在蛟子河夹江与干流相连的下游口处，一根根 10 多米长的竹竿被巡护员们插入水中；然后将一张张百米长的渔网从两岸拉起，每隔一段被均匀地拴绑在竹竿上，在渔网下部挂坠的沉铁坚实地落入水底，由此形成一道密实的“竹帘大门”，暂时性阻挡在夹江内进行适应的江豚进入干流。“大门”的阻拦不是对江豚自由的禁锢，而是对江豚安全的保障。

2023 年 4 月 25 日，一切准备就绪，放放、闺闺顺利从故道网箱起水，抬至水箱装载，一路经前车开道及巡护摩托护航，风风光光地向蛟子河口夹江前进。在此之前，科研人员也对两头江豚进行了全方位的体检。这两头江豚身体健康、行为正常、体态良好。其中，雄豚体长 165 厘米，体重 49.5 千克，颈部、背部表皮有标志性的黑色瘢痕；雌豚体长 133 厘米，体重 31.9 千克。

一路顺利到达蛟子河口。护豚人员将两头江豚先转移到岸边舒缓池进行短暂适应后，上午 8 时 31 分，在所有人的注视下，放放、闺闺被经验丰富的科研人员及保护区巡护员用担架从舒缓池中抬起。放豚人员小心翼翼地朝夹江中走去，随着慢慢地走入水中，江水一点点地浸润着放放与闺闺的皮肤，直到江水没过江豚身体大半，而呼吸孔仍可自由呼吸。此时，4 名放豚人员仍保持担架高度，而另一名人员将放放、闺闺的两侧鳍肢从担架布两侧的洞中拿出，保证鳍肢可以自由摆动；随后，两侧抬担架的人员便开始缓慢放低并向外打开担架。似乎它们知道了即将自由，放放、闺闺先是愣了几秒，随后便开始扭动身体，摆动鳍肢，只见头部先是一扎，随后又是一抬头，“噗嗤”一下，呼吸孔的张合，留给人们一脸的水汽，似乎是它们向人们的道别，然后摆动着尾鳍朝着远处深处游去……

“在那里！在那里！上游！”不知哪里发出的激动的声音吸引了岸边矗立远眺的所有目光，齐刷刷地看向夹江上游。果然，两道水面微微隆起的黑影伴游在一起，随后飘来似有若无的呼吸声。

与他人注视着水面不同，博士生周昊杰则站立在远离水边的阴影处，眼睛紧盯着电子屏幕，他正操纵着无人机完成对放归过程的记录，并拍摄到放放、闺闺进入夹江水域后的首次出水。

放放、闺闺被成功放归天鹅洲江豚放归适应区（蛟子河口），紧接着的江豚监测工作就要开始。

除了声学设备的“听觉”监测外，无人机航拍的“视觉”监测更是主要手段。每到无人机可以飞行的监测日，周昊杰便从新厂镇骑着5元/天租来的“电驴”，穿过村镇，颠过田间，翻过堤岸，来到蛟子河口夹江。春末五月，江岸的杂草嫩叶已初见繁茂，“沙沙作响”的风声，不时响起“嘤嘤”鸟鸣。夹江中，未见江豚出水，岸边浅水处已有水牛在戏水，黄牛在吃草……踩过细软的江沙，寻一处空地，放下无人机，只待一声“起飞，航点已刷新，请留意返航位置”，周昊杰便聚精会神地搜寻起水面。

无人机监测江豚并不是简单的搜寻航拍，而是每天上、下午各监测两个时段，以3天为一个周期，共完成12个时段（6时—18时）的监测。监测过程中除了记录放放闺闺的行为、拍摄背部清晰影像外，还需记录温度、风速、紫外线、水流、水面波纹等生态因素，以综合评估江豚在夹江适应水域，是否能够正常捕食，自主探索适应水域环境及饵料鱼资源；确认江豚能否克服水流对捕食、游动所产生的阻碍，以及水流带来的饵料鱼资源变动；能否有效躲避船舶航运带来的危险及所产生的噪声干扰。最终，根据营养健康状况评估，证明江豚能够在夹江适应水域健康成长和生活，决定江豚放归长江的具体时机。

经过连续20多天的声学和无人机监测，放放、闺闺游动行为自然、出水呼吸正常、自主捕食活跃、伴游互动和谐、噪声障碍躲避灵敏，同时雄豚放放原颈部、背部表皮存在的黑色瘢痕逐渐变淡，但依然可以作为江豚识别的一个典型标识。

5月18日，天鹅洲保护区领导和郝玉江商议后，决定撤去适应区下游口处围栏，敞开“大门”，让放放、闺闺自由活动，自主选择游入干流或停留夹江水域。同时，郝玉江带领团队严阵以待，各司其职，规划路线，备

▲ 天鹅洲江豚放归蛟子河口夹江中（湖北长江天鹅洲白鱀豚国家级自然保护区　供图）

好船只设备，只等放放、闺闺游出夹江，踏上长江干流旅途。

谁知，一连 10 多天，可能由于适应区夹江水域水质清澈、水流平缓、渔业资源丰富、无行驶船只干扰等因素，放放、闺闺仍悠闲地游弋在夹江中，享受着一方天地间的欢乐时光。

直至 6 月 1 日，如往常一样稍感凉意的清晨，周昊杰来到夹江边，映入眼帘的却是另外一番景象。原本静谧清澈的夹江，由于长江汛期到来，水位上涨，蛟子河夹江上下与长江干流贯通了。为了确认放放闺闺是否还在夹江中，周昊杰立即放出无人机，仔细地搜寻。一二黑点，连续或间断地出现，给人一丝惊喜。放放、闺闺还在夹江中！

但之后的监测显示，上下游贯通后，放放和闺闺的活动区域显然更倾向于下游，且对于夹江下游口的探索，越来越近。这似乎是放放、闺闺离开夹江的前奏。

7月19日，放放、闺闺在夹江中最后一次被拍摄到活动于夹江下游口与干流的交汇处。第二天，夹江中已经没有放放、闺闺的身影。两头江豚成功进入长江干流。

经过之后几天夹江及附近水域的连续观测确定，放放、闺闺成功进入干流并游离附近水域。于是，郝玉江带领团队对蛟子河口夹江上下游各40千米左右水域（上至湖北公安县，下至湖北石首市小河口镇）进行船基移动考察，搜寻江豚。船基移动考察中，当实时监测设备RPCD或目视发现江豚群体时，停船在江豚群体周围，起飞无人机，跟踪拍摄江豚，尝试获取江豚影像，确认是否为放放和闺闺。

7月25日，周昊杰一行3人，与天鹅洲保护区龚成高级工程师等人，在江陵县渔政码头登船，上行至荆州长江公铁大桥，后下行至蛟子河夹江，一路经历了风云突变、大雨瓢泼，完成了蛟子河上游段考察，却未监测到任何江豚信号。

次日，毫不气馁的众人重新整装出发，在石首市渔政码头登船，上午上行至鲁家台水域，还是没有发现江豚，尔后下行至小河口镇，在金鱼沟夹江（预选放归适应区之一）水域，终于发现了江豚群体。

快看！至少两对母子豚！7头左右的群体！小江豚位于母豚侧后，跟随着母豚接续出水，群体间忽远忽近，游动较快。它们似乎也已习惯了船只，驶来的船体并不会改变它们的路线，距船体20米左右，仍游动自如，不时跃出水面，溯流进发。

在这个群体中，有一对江豚引起了考察团队的关注，它们亦是左右为伴，偕同游动，但是体型差距不似母子江豚，且两豚位置经常转变，其体型、互动行为与放放、闺闺十分相似。

为确定小河口镇干流水域是否为江豚群体稳定分布水域，7 月 28 日，中国科学院水生生物研究所的周昊杰、段鹏翔和杨婕三位研究生乘坐巡护船，自蛟子河口夹江顺流而下，再次前往小河口镇水域。

还在！不仅前天的一个不少，这次断断续续，拍摄到的群体更为壮大，总共十多头！三三两两，齐头并进，你追我赶。

蛟子河口上下游各 40 千米水域内，仅小河口镇水域两次发现江豚，说明这里长期稳定地活动着一个江豚大群体，且群体内母子豚占比高，江豚体型丰满，营养健康状况良好。这也证明此处水域环境十分适合江豚群体生存。放放、闺闺在进入干流后，极大可能在此水域定居，融入自然群体。

下篇
就地保护

第十四章
鄱阳湖的巨变

20世纪80年代的鄱阳湖口，江豚就像千军万马一样进出鄱阳湖，万顷波浪里，江豚的黑色闪亮洒满了江面。现在想来，那是一幅多么迷人的画面啊……

洒满江面的黑色闪亮

天上的一轮明月，在城市里和江上看起来是不一样的。中国科学院水生生物研究所科考船“科考1号”在江上算是大船了，会议室可以容纳10多人开会，前舱可用作实验室，可摆放很多实验仪器，还有单独的厨房和淋浴间，往上一层是寝室和驾驶舱，再往上就是船上的“露台”了，那里是船上唯一的户外“小广场”。

刘仁俊、王克雄等科考队员，还有来自德国的哥瓦尔特博士和他的夫人，围坐在“小广场”的船顶钢板上，一起吃月饼、喝茶。这一天正好是1985年的中秋节，月色如洗，静静地映照在江面上。科考船停泊在汉江靠汉

▲ 王克雄喂养白鳖豚淇淇（中国科学院水生生物研究所　供图）

阳的一处岸边，岸上是一排排杨树，在月色中轻轻摇晃，附近田野里的秋虫鸣叫声清晰可闻。江上的寒意有些重，哥瓦尔特博士却光着上身，似乎想充分体验这难得的闲暇和团聚闲聊的时光，尤其是在异国他乡。

这一次的考察重点是搜寻白鳖豚。王克雄的主要工作一直是负责白鳖豚淇淇的饲养，所以这一次刘仁俊特意安排王克雄参加长江考察。王克雄在离开武汉时，刘仁俊对王克雄说："你从 1984 年 8 月参加工作到现在，已经有 1 年多了，一直在白鳖豚馆和淇淇在一起，都没有参加过生态考察工作，这次让其他同事临时替代一下你，你放下饲养工作，参加一次白鳖豚考察。"王克雄平时都在白鳖豚馆工作，出门都很少，更别说去长江上考察了。当时的白鳖豚研究组主要工作分两块，一块是白鳖豚饲养，另一块是白鱀豚考察，人员分工也比较明确。

接到工作任务的王克雄，和大家一起从汉阳上了考察船。这次考察是专门为哥瓦尔特博士安排的，因为他是当时少有的几位饲养和研究淡水豚的专家之一，是杜伊斯堡市动物园的园长，在他的动物园里饲养了两头亚河豚。刘仁俊也去那个动物园观察和研究过亚河豚，并发表过一篇论文，主要是比较亚河豚和白鱀豚在人工水池中的行为差异性。很幸运，这次考察，除了看到白鱀豚外，还看到了很多江豚。哥瓦尔特夫妇这一趟长江科考之行，满意而归。

考察船从武汉出发，一路上行至宜昌，再从宜昌下行回武汉。在上行途中，幸运地看到了一次白鱀豚，应该是两头吧，在靠近岸边的水中出水呼吸，当阳光直射时，可看到白色的反光，但是当它们背着阳光时，背鳍又呈现出更灰的颜色。

王克雄虽然在白鱀豚馆天天可以看到淇淇，对淇淇的呼吸和行为非常熟悉，但是在江上看到白鱀豚还是第一次，也是第一次这么困难和这么不清晰地看到白鱀豚。因为和在水池中生活的淇淇相比，在野外看白鱀豚不但要全神贯注地盯着江面，还不能长时间只盯在某一处水面，必须以某一处水面为中心，不时地观察该水面的四周，尤其是在不能确定白鱀豚的游动方向是向上游还是向下游时，观察它们更加困难。

能在船上连续看到 3 次或 4 次白鱀豚出水呼吸，已经非常不容易了。船上的科考队员和船员都非常兴奋，有人跟刘仁俊说："你该请客了。这次哥瓦尔特也看到了白鱀豚，并且还看到了江豚。"江豚出水呼吸和白鱀豚很不一样，有时只有一个小黑点，很快就消失了，不过因为江豚多，所以即使只有一个小黑点，但在一片水域此起彼伏的小黑点的对比下，就比较容易发

▲水中的淇淇（武汉白鱀豚保护基金会　供图）

现白鱀豚了。

江豚往上游移动时，出水呼吸通常都显得很匆忙，看着它们游泳都觉得有些吃力。因为是顶水游泳，所以每次出水的时候，离上一次出水地点都相隔不太远。但是当江豚往下游移动时，借着水流速度，游动非常快，刚在这片水域看到江豚，等再看第二眼时，已经是几百米之外了。

这次考察中，因为江豚多到司空见惯，大家都没有太关注，船行走没多远，船长和船舱里的人员就用手指向江面说："那里有几头！"所以遇到江豚时，船依旧行驶。江面上也会时不时地看到渔船，有很多渔船几乎是漂在江中间的。船长看到这些渔船时就会说，离它们远点。因为这些渔船是在捕鱼作业，并且用的是刺网，刺网的一端是渔船，另外一端是一个漂在水面的白色泡沫板或几个捆绑在一起的空矿泉水瓶子。在渔船和这些漂浮物之间是一道刺网，有些刺网会沉得比较深，科考人员的船可以在上面通过，有些刺网会沉得比较浅，如果科考人员的船从上面通过时，有可能会将刺网绞烂，或者螺旋桨被刺网缠绕。如果是前一种情况，需要赔偿；如果是后一种情况，不但要赔偿刺网，还得找潜水员下水清理螺旋桨上缠绕的刺网，更是耗时耗力。所以船长一看到江中间的渔船时，就立刻搜索水上的漂浮物，避开从刺网上方通行。因为江上捕鱼的船很多，所以船长在开船时非常小心。

早期在长江上考察，虽然经常用到“科考 1 号”这样的大船，但是更多时候用的是渔民的小木船。小船的空间很小，进出船舱都必须“爬行”，因为船顶棚很低，并且是弧形的，两边低中间高。船舱是渔民的生活区，他们白天将被褥叠起来，可以坐在里面吃饭，夜间将被褥铺开就成了床铺。

在江上考察时，王克雄有很多时候是和渔民一起住在小船的船舱里。差不多 20 年前，王克雄在江西鄱阳湖口考察时，就住在一位叫胡冬久的渔民的小船上。当时是考察江豚在鄱阳湖口的昼夜移动情况，在鄱阳湖口石钟山对岸的浅滩边，王克雄在水中插了一根长竹竿，并且将一台江豚声学记录设备固定在竹竿的水下部分，只要附近有江豚往来时，江豚的声音就能被这台设备记录到。通过分析所记录的声音，就可以判断江豚是从北往南游动还是从南往北游动，以此作为江豚进出鄱阳湖的依据。

声音监测工作必须昼夜连续进行，尤其是夜间更应该监测。因为夜间光线不足，人眼连江面都无法看清，更别说看清江面上的江豚了，所以这根竹竿在夜间也必须固定在湖口石钟山水域。因为湖口水域航运异常繁忙，每隔两三分钟就有一艘几千吨级的运砂船出湖或空载入湖，所以在夜间，王克雄和开船的胡师傅很小心地将船紧靠在竹竿的旁边，并且小船的前端和后端各用了一个大铁锚和一根粗粗的缆绳以保护那根竹竿，避免夜间的船舶将竹竿撞倒而丢失了水下的仪器。

白天的时候，船停在竹竿的附近，王克雄和同事们加强江面瞭望，发现有空载的船为了省油而靠近岸边上行入湖时，马上会向大船不停地舞动红旗，大船的船长看到红旗后，会离开岸边水域驶入航道中，这样可以避免竹竿被撞倒。但在夜间，湖口的水面上一片嗡嗡的噪声，从不停歇，因为太多的货船穿梭航行，加之视线不好，很难分清航道上或浅水区的船舶，等到大船靠近了，再去舞动红旗或对大船大喊，都是无效的。因为大船的船头很高，尤其是空载时，开船的船长根本就看不到小船，所以胡师傅和王克雄在小船船头用干电池点亮了一只红色的小灯泡，这样大船在较远的地方就能看见这红色的灯光，会加强观察和避让，从而保护水中的竹竿和竹竿上的仪器不被夜行的货船撞到。

10 月的夜晚，江上已经有很重的寒意。舱板四处漏风，王克雄和胡师傅在狭窄的船舱里几乎很难睡着，加之舱外船舶的轰鸣声比白天更具有穿透力，薄薄的一层舱板完全不能将噪声阻隔，更何况每隔一段时间还要望一眼船上的灯泡，担心它因电池没电而熄灭。

在湖口的一夜，声学设备记录了很多江豚的声信号。尽管江豚只是在湖口石钟山对面的浅滩处往来移动，但是至少说明那片水域是江豚的重要活动水域。因为那里的浅滩较长，小型鱼类资源相对丰富，对江豚有很大的吸引力。第二天早上，胡师傅对王克雄说：“我一晚没睡，一夜提心吊胆，既担心我们绑仪器的竹竿被水冲走或被船撞了，又担心我们的船被大船撞了。”

确实是这样的。在湖口水域考察时，进出鄱阳湖的几千吨级的运砂船很多。那些船在江面上航行时，船上的砂堆得很高，像一座山，船舷几乎是贴着水面的，王克雄看着都担心船会沉。空船向鄱阳湖航行时，驾驶舱和机舱在船尾，所以船头轻、船尾重，导致船头基本上都抬出水面了，像一位高傲的巨人，抬头挺胸只向天上看，驾驶员根本就不可能看清楚船身附近的小船。所以每次从湖口石钟山对面的岸边返回湖口县城时，开船的胡师傅总是让他的老伴手持一面红旗站在船头舞动，让大船上的人看到他们，以免被大船撞翻。

湖口是研究的重点水域，早期那里没有大桥，也没有这么多的大船，只有一艘渡船和偶尔停靠在湖口的小客轮。每次从九江去湖口时，科考人员会搭乘渡船，汽车也是从渡船上过去。

石钟山像一位老人，从过去到现在都站立在江边，看着船来船往。王克雄在湖口江段考察时，常常让考察的渔船停在江边，有时在石钟山对岸，有时在石钟山下的岸边。站在船上可以看到成群结队的江豚从鄱阳湖游出来，游向长江，或者从长江游进鄱阳湖。当船停在石钟山脚下时，大家希望沿着当年苏东坡的足迹，从江边顺着一块块巨石爬到山顶。在靠江边的半山腰上，有一个伸出去的亭子，站在亭子里向左望可以望鄱阳湖，向右望可以望长江，向对岸望可以望九江，向下望则是奔流不息的浑浊江水和清澈的湖水。两股水流相安无事地混到一起，向东流去。

王克雄在亭子里对同事们说：“我们要是在这里架一台望远镜，就可以看到很远的江面，说不定可以看到白鱀豚。”但是，这个想法一直没有实现，大家每次都还是站在船头用望远镜看江面、看白鱀豚。

江豚不用望远镜就可以看到，最多的时候，就像千军万马一样进出鄱阳湖，万顷波浪里，江豚的黑色闪亮差不多洒满了江面。现在想来，那是一幅多么迷人的画面啊!

可惜的是，鄱阳湖大桥建起来了，铜九铁路桥建起来了，因为采砂而进出湖的千吨级以上的货船多起来了，人类活动对于江豚的影响也越来越大了。当然更主要的可能是江豚的数量也在下降，所以后来在鄱阳湖口几乎没有再见到过洒满江面的黑色闪亮。

长江科考是一项常态性的工作，每年都要在一些重点水域开展几次。但是大规模的科考却不是每年都可以开展的，继 2006 年长江江豚大考察之后，2012 年和 2017 年又分别开展了一次。

进行科考，在外人看来是充满新奇的，但实际上非常辛苦。考察船的最高层是目视观察人员的工作岗位，同时也是最冷的工作岗位。寒风吹来，最御寒挡风的衣服不是那些所谓的“冲锋衣”“风雨衣”，而是军大衣，军大衣穿在身上虽然有些笨重，但是很管用，御风挡雨效果极佳。2012 年科考结束后，长江江豚的数量是 1045 头，和 2006 年的 1800 头相比，少了很多。2017 年科考结束后，长江江豚的数量是 1012 头。根据 2017 年的科考结果，农业部宣布：长江江豚极度濒危的现状没有改变，但是急剧下降的状况得到遏制。

“十年禁渔”带给鄱阳湖的巨大变化

2022 年 6 月，王克雄和同事们离开闷热的湖北武汉，只用了两个多小时就抵达江西湖口。这次是开展湖口与湖区的江豚调查，重点调查石钟山附近的江豚，还有屏峰山、吴城、康山、龙口水域的江豚。采用的调查方法不仅有目视观察，而且还包括声学考察、无人机调查、鱼探仪调查和水质调查等。参加调查的人员，除了中国科学院水生生物研究所鲸类保护生物学学科组团队的师生外，还有江西省科学院和鄱阳湖水文中心的技术人员，团队共计 12 人，带有一艘大铁船和 3 辆汽车同行。

入住的是湖口县的一家酒店，酒店的条件非常不错，位于湖口的闹市区，出酒店的门就是大超市和卖黄金首饰的商场。街对面是一个大市场，吃的、用的、玩的都可以买到，每家小吃店门口的招牌上几乎都写着“豆豉红烧肉”，这可是湖口县一道非常有名的地方菜。以前王克雄在湖口和胡师傅在船上考察江豚时，中午都是在船上吃午饭，胡师傅的老伴每次都会做这道菜。把黑色的豆豉与半肥半瘦的猪肉放在一起小火慢煮，肥肉里的油一半被豆豉吸收了，另一半则被瘦肉吸收了，而豆豉的酱味、咸味和淡淡的甜味被肥肉和瘦肉吸收了，每次看着黑色饱满的颗颗黑豆豉和带有深浅不一的酱色的猪肉，就让人胃口大开。

可惜这一次在船上考察时没机会吃到这道菜了。这次没有用胡师傅夫妇的船，他们已经七八十岁了，年龄大了，已经多年没在江上开船了。湖口开船的师傅还有一对舒师傅夫妇，他们和胡师傅夫妇一样，待人真诚，踏实可靠，比胡师傅夫妇年轻多了，只有五六十岁。这次原本和他们联系好了，用他们的渔船开展科考。但是在王克雄一行出发前，舒师傅打来电话说，他们的船被海事部门通知要求重新登记和更换登记证书。

早期在鄱阳湖考察时，是有很多渔船可以租用的。但是租用最多的，不是胡师傅夫妇和舒师傅夫妇的船，而是都昌县占柏山夫妇的船。那个时候租船不困难，当天就可以租用渔船考察，不像现在还需要预约。既然舒师傅的渔船还要办手续，那么这次考察就无法租用他们的渔船了，只能请占师傅将他的船从都昌开到湖口，作为科考船。

自2021年开始，租船考察变成了一件很麻烦的事情。当然，换个角度看，其实是一件很好的事情。国家从2021年开始实施长江“十年禁渔”，也就是说在中下游干流和鄱阳湖、洞庭湖主湖区等江豚分布的水域，十年之内不能进行渔业活动，这些水域的渔民全部转产转业，另谋生计。这是一个听起来简单、做起来异常复杂的事情，突然不让那些世世代代在长江和两湖以捕鱼为生的渔民捕鱼，并且要将他们的渔网和渔船全部交由当地政府估价赎回。这是开历史先河的事情，让渔民离开他们心爱的渔船，仿佛心中的依恋之情被割断。这件事不是一下子就能做好的，地方政府和渔政管理部门应该是下了很大一番苦功，才做成了这件大事。

正因为渔民的渔船被政府赎回，大多数渔民手中没有可以出租的船，

▲技术人员在江面上回收声学监测设备（彭博炜 摄）

所以科研单位到鄱阳湖等水域进行科考时，租船就成了一个原本不是问题的“问题”。但地方政府为了开展江豚的保护和监测工作，还是保留了少数渔船，并且重新用油漆涂成了统一的蓝色，船身、旗帜上都喷上了“江豚监测”等字样。

在湖口水域考察的科考人员眼中，除了考察船的管理比早期更规范之外，湖口县的一切似乎都发生了非常大的变化。到达湖口的次日，大家一大早就乘车来到石钟山下，准备登船出发考察，王克雄突然发现湖口的岸边已经是一片人工草地，还专门开辟了停车区，一些有年头的老式建筑和遗留在江边的工厂厂房已经被改造成了博物馆，还修建了杨叔子院士展览馆。

原来围绕着石钟山脚下的小餐馆和几处烂尾楼已经全部被拆除了，并且还将原来的趸船改造成了游客码头，仅供游览江上景色的游客登船。王克雄对那个趸船很熟悉，看到栈桥的门是开着的，就走上了趸船，刚停住，就有好几位正在清扫趸船的老人跑过来问：“干什么？”王克雄回答道：“可以上船吗？”“要先在岸上的售票处买票，等人多些才能上船游览。”趸船附近停泊着好几条改造成水上画舫一样的客船。可能是刚刚 8 点的原因，趸船上除了王克雄和几位做清扫工作的老人外，还没有其他的游客。石钟山脚下还建了一条有关长江的画廊，一幅 3 尺见方的壁画讲述着湖口县的由来和石钟山的故事。

登上占师傅的船，很稳。往湖里航行，虽然顺风但逆水，所以船行的速度并不是很快，基本上是 15 千米 / 时。湖水在 6 月时水位已经很高了，很多浅滩都被淹没了，秋冬季暴露在外的、高低不平的沙滩也被淹没在水下了。湖水一望无际，水面很平静，水静静地流淌着，水质看起来也很好，更神奇的是除了这艘渔船外，整个湖面上居然看不到第二艘渔船。并且上行或下行的货船也非常少，只是偶尔有几艘运砂、运煤的船航行，集装箱运输船几乎没有。

王克雄问占师傅，鄱阳湖这几年变化太大了，原来满湖都是渔船和往来运输的运砂船，现在怎么变得这么干净？占师傅说："是禁渔和控制采砂才发生这样的变化的。渔船都被赎走了，采砂也只是在固定的时间和地点开采，所以现在湖面上才这么干净。"占师傅聘请了一位渔民帮他开船，他只负责船上的安全。王克雄问占师傅："我们没有租你的船时，你在干啥？"占师傅说："做江豚监测，是县里渔政安排的，并且现在到湖里来做鱼类和江豚监测的单位多，他们经常租我的船，所以我几乎每天都有事情做。"王克雄又问："那其他的渔民都干什么去了呢？"占师傅回答说："有的外出打工，有的就在家里休息，因为政府都帮渔民买了养老金。"

一路往吴城方向行驶，在星子老爷庙附近发现了几头江豚，它们都离得很远，并且出水两三次之后就消失不见了。吴城附近的草滩基本被淹没了，只有少量的鸟在水面上飞，估计是在寻找落脚的草滩，在水面漂浮的木头上或泡沫上都有鸟落脚休息。现在不让捕鱼了，鱼类较少被扰动，尤其是没有了渔业活动，很多小鱼不会像过去一样因被捕捞受伤而贴近水面游动，所以禁渔后，鸟类捕鱼的难度反而增加了。尤其是大片的草滩被完全淹没之后，鸟类捕食可能更加不易了。不过船从都昌向康山航行时，因为湖上的小岛较多，可能小型鱼类在小岛边的缓水区聚集，所以考察中在这些区域可以多次看到江豚，也频繁看到空中飞翔的鸟。这些鸟可能是夜间在小岛上的树林中栖息，白天在湖面上飞翔和捕食。

船经过棠荫岛时，鄱阳湖水文监测中心的王仕刚主任热情邀请全体科考队员登岛参观中心的科教展示馆。队员们利用半个小时在展示馆中参观了解了鄱阳湖的水文监测历史，以及目前开展的水生态和水生生物监测工作。参观结束后，队员们乘坐电瓶车回到水边的浮台，回到科考船继续本次考察。

鄱阳湖水域的变化，让王克雄等科考队员感到非常欣喜。虽然平常在电视等媒体上经常听到“长江大保护”“十年禁渔”的新闻报道，但是这次鄱阳湖考察让大家对长江环境的变化有了切身的体会。大家纷纷预期，距离洒满江面的黑色闪亮重新回来的日子，不远了。

第十五章
洞庭湖的逆变

随着洞庭湖管理的规范，环境逐渐变好，洞庭湖江豚种群数量恢复增长的同时，活动范围也越来越广了。江豚开始沿着各个支流四处游弋；向南游到了长沙的望城区，游进了汨罗江；向西甚至游到了70千米外的安乡松滋河……

繁忙的洞庭湖

“至若春和景明，波澜不惊，上下天光，一碧万顷，沙鸥翔集，锦鳞游泳，岸芷汀兰，郁郁青青。而或长烟一空，皓月千里，浮光跃金，静影沉璧，渔歌互答，此乐何极！”北宋诗人范仲淹笔下的洞庭湖，令人心向往之。

洞庭湖，古代曾有“八百里洞庭”之说，烟波浩渺，浩浩汤汤，风光绮丽迷人。作为长江中下游的两个大型通江湖泊之一，洞庭湖被誉为“长江之肾”，不仅能够调蓄洪水，同时良好的生态环境孕育了万千生命，也是长江豚类动物生活的福地。

2008年，刚刚加入中国科学院水生生物研究所鲸类保护生物学学科组就读硕士的梅志刚，就迎来了去洞庭湖考察的机会。从来没有去过洞庭湖的梅志刚，对书中描述的“衔远山，吞长江，浩浩汤汤”充满了向往与期待——这次终于有机会目睹诗人笔下的岳阳楼和壮阔的洞庭湖。

在如今交通便利的时代，从武汉到岳阳乘坐高铁只需要1小时左右，但在当时却只能乘坐绿皮火车，耗时4小时才能抵达。下了火车，几人再转乘公交车一路晃悠到临时落脚的地方——洞庭之星宾馆。这座宾馆因为紧靠在洞庭湖边，所以在楼上就可以观望洞庭湖。虽舟车劳顿，但丝毫没有消耗梅志刚的兴奋，反而更让他对接下来的考察充满了期待。

“轰、轰、轰……”随着考察船发动机的轰鸣声响起，洞庭湖的考察之行正式启航。船是在当地租的，开船的是熟悉洞庭湖水域的谢师傅和岳阳渔政的冷建军。站在考察船上，梅志刚静静地看着眼前的洞庭湖，之前充满期待的心情，这一刻被现实狠狠地“伤害”，洞庭湖没有他想象中的那么浩渺，就像很窄很窄的一条河。

“那个船前面怎么长着那么老长的一个‘鼻子’？”梅志刚好奇地发问。对于第一次出野外考察的梅志刚来说，一路上充满了好奇。

“这个船是运砂船，那个‘长鼻子’是自卸驳，是专门运砂和卸砂的传送装置。”作为梅志刚的师兄，已经来过多次洞庭湖的张新桥耐心地解释道。

随着考察船的不断前行，一路上带着“长鼻子”的采砂船，也让梅志刚目不暇接。越往洞庭湖深处走，湖面上耸立着的一座座巨型的“可移动小山”就越多，可谓“连绵不绝”，一排排的采砂船正在作业。诗中描写的浩渺江水，此刻也是被采砂搅起来的泥沙，染得又浑又黄。

由于考察船从早上出发，一直到傍晚才会靠岸休整，中间吃饭喝水甚至是夜晚住宿都是在船上解决。为了和开船的师傅们拉近距离，梅志刚也学着师傅们的样子，直接喝洞庭湖里的水，吃着洞庭湖水煮的饭菜。但湖水泥沙含量太高，无法直接饮用，梅志刚只好舀起洞庭湖水放入杯中，静置沉淀。不多久，杯底就被一层厚厚的泥沙覆盖，上层的湖水甚至没有煮沸就被饥渴的人们直接饮用了。

随着考察船一路航行，梅志刚发现水面上漂着白色泡沫带。是什么原因导致的呢？这让梅志刚心里泛起了疑惑。当船行驶至鹿角时，藏在梅志刚心底的疑问也终于得到解答。眼前的景象让梅志刚不忍直视，只见岸边密布着大大小小的造纸厂，排出的污水正在不停地往江里喷涌，因此在水面上形成一条一条的泡沫带，宛似长蛇在江面浮游。

这一幕，让白天刚刚尝过洞庭湖水的梅志刚心生后怕。所以傍晚考察船一靠岸，梅志刚下船的第一件事就是跑到超市去购买瓶装水储备起来，再也不敢喝洞庭湖里的水了。

鲇鱼口，这个地方是湘江、南洞庭以及草尾河等几条支流的汇合口，水域面积也开阔了些，鱼类资源相对比较丰富，自然也就有不少渔民在此捕鱼。

冬天的清晨，江面上薄雾笼罩，顶着寒风的几人继续在湖面上航行，此时开船的师傅就会提醒几人要小心一些，加强观察。只见雾蒙蒙的江面上，一字排开的渔船正在忙碌地作业着，水面下一张张渔网在湖中纵横交错。这让考察船不得不减速小心通过，因为船尾拖有声学设备，一不小心就有可能被缠住。从未见过如此“大场面”的梅志刚很是吃惊。当考察船经过渔船旁边时，船上的渔民会亲切地跟梅志刚他们打招呼，问他们要不要鱼吃，并热心地给他们送鱼。梅志刚也因此尝到了洞庭湖中的鱼，是如此的美味。

丰富的鱼类资源吸引而来的不仅有渔民，还有这里的“原住民”——长江江豚。在如此大规模捕捞作业下穿行摄食的江豚，又怎能不让人担心呢！

从鹿角接着向上游行驶，进入湘江，眼前的河道变得就更窄了。但让梅志刚惊喜的是，一路上几乎没看到的江豚在这个区域断断续续地多了起来。江豚之所以集中在这片水域，可能是这片水域在当时还未被采砂活动所影响吧！

很快考察船行驶至本次考察的终点站——屈原农场。彼时的屈原农场，条件非常差，整个镇上没有多少人，晚上也没有什么灯光。考察队在此休整了一晚，第二天便开始原路回程，直到回到岳阳市，整个考察全部结束。

最初，怀抱着对“八百里洞庭”的憧憬，想着“浩浩汤汤”的画面，梅志刚踏上了征程。然而一路考察下来，让梅志刚记住的只有浑黄的湖水，一排排长着“长鼻子”的采砂船、忙碌的渔船，以及两岸不停地向湖中排放着泡沫废水的、大大小小的造纸厂……

▼密集的“长鼻子”运砂船（中国科学院水生生物研究所　供图）

2009 年夏天，张新桥、梅志刚、张垒三人又对洞庭湖进行了一次科学考察。与冬天不同的是，夏季是汛期，水位上升，洞庭湖的洲滩已经完全被湖水覆盖，此刻的洞庭湖终于显得有一丝浩渺的感觉。

此次考察，为了顺利进行，3 人依旧选择住在船上。每天天不亮就要开船，中午在船上跟着开船师傅们一起吃饭，傍晚船就开始靠岸休整，但仍然是在船上吃饭，师傅们会准备啤酒，每人一瓶，还是用洞庭湖水预先“冰镇”的。第一天傍晚，当船行驶至鹿角时，选择在洞庭湖南岸停靠。船一停靠，顿时铺天盖地的蚊虫就飞过来，就像好久没有看到“新鲜血液”似的，瞬间将考察船上几人围住。因为夏季炎热，两个开船师傅选择住在狭小的船舱中，船舱外的甲板让给 3 人睡。于是 3 人支起“蒙古包”蚊帐来抵挡蚊虫大军的进攻，但还是会被蚊虫大军攻破防线。被蚊虫咬得受不了的张垒，拿起杀虫剂唰唰地往自己身上喷。然而即使这样，张垒的身上还是被咬得红了一片又一片。

由于蚊虫大军的袭扰，让考察船不得不重新选址，安营扎寨。为了能够保证夜晚休息，谢师傅将船起锚开往对岸——煤炭湾。这片水域虽然蚊虫较少，但同样潜藏着新的危险——血吸虫，3 人被开船师傅告诫不要接触湖水。

炎炎夏日，入睡总是相对困难。在那个手机还未完全普及的年代，面对漫长的夜晚，睡不着的 3 人，打发时间的娱乐活动就是讲故事。3 人横躺在甲板上，望着天上的星星，彼此相互讲着故事，颇有一番“满船清梦压星河”的意境。然而即使在夜间，采砂船依旧在不停地作业，轰鸣声不绝于耳，让本就燥热的夏季，又多了一丝烦躁……

熬过了夜晚，考察船白天继续向南洞庭湖草尾河开进。夏季，南洞庭湖的小河滩里长满了芦苇。由于天气太热，船上发动机受不了，必须得停机休息，下午3点前无法开机运转。考察船在芦苇荡旁边抛锚停靠，四下空寂，没有任何遮挡，头顶的太阳直接暴晒甲板。

热，是船上每个人最直接的感受！究竟有多热呢？湖水往甲板上一泼，四周瞬间被白烟笼罩！

为了安全起见，在湖上考察，每个人必须穿救生衣。但炎热的天气，让3人早就脱得只剩短裤和救生衣了。但这依然抵挡不住夏季的炎热，晒伤更是家常便饭。为了降温，考察过程中，几乎每隔10分钟，3人就从湖里打一桶水，从上到下一淋，把自己浇个遍。

长时间的考察，人也必须得到充分的休息。湖水一冲，凉席往甲板上一铺，刚躺下不到1分钟的3人，又立马弹坐起来。因为即使浇了好几遍湖水的甲板，依旧滚烫，根本无法入睡。为了能够保证休息，同行的董黎君（中途替换张垒）竟然选择坐在凳子上睡。这让梅志刚很是佩服！无法坐着入睡的梅志刚只能紧咬牙关，硬着头皮继续躺回甲板的凉席上。因为一天不睡觉，人还能坚持，但时间长了，根本扛不住。

这次夏季考察，梅志刚3人足足干了20天才结束。整个考察过程中，有时候一两天都看不到江豚！

经过几年的野外考察历练，到了2010年，梅志刚自己开始牵头做洞庭湖的考察，年年冬天都去。连续3年考察，让梅志刚感到很神奇的是，同样的考察路线，但每逢在屈原农场休整时都会碰上下雪天。雪后，湖面上渔船没有了，采砂船基本上也停止作业，洞庭湖在此刻也难得地迎来了短暂的安宁。

一连几年在洞庭湖考察下来，梅志刚感受到江豚数量越来越少，目击

▲科考队员在雪后开展洞庭湖长江江豚考察（中国科学院水生生物研究所　供图）

率也一直在下降。

从洞庭湖大桥到长江城陵矶段还有 5 千米的通江水道，连通着长江与洞庭湖，也是长江江豚迁移的重要通道。而就这短短 5 千米的通江水道，当时竟然停有 439 艘运砂船！这是梅志刚他们一艘一艘地数出来的数据。密密麻麻的船只将整个水面全部铺满了。这么多船只中，一部分小船等着进洞庭湖去运砂，另外一部分则是因为冬季洞庭湖水位比较浅，有些大船吃水深，无法开进洞庭湖，只能在此等待小船将砂石运送出来。

看着如此繁忙的水面，梅志刚心中不由升起疑问，江豚还能不能通过城陵矶这片水域迁移到长江中去？

对于刚参加野外江豚考察的梅志刚来说，对江豚迁移到长江中抱有很大期待，觉得江豚肯定会迁移到长江中去。于是就和同行的张新桥师兄打赌，如果没有，那就一个星期不刮胡子。为了这个“赌局”，梅志刚一行几人在洞庭湖大桥下轮流观察，整整观察了3天，结果完全没有发现任何江豚靠近那座桥。结束考察的3人，在岳阳楼下的汴河街上吃饭，吹着洞庭湖的晚风，看着眼前繁忙的洞庭湖，陷入惆怅：这洞庭湖的江豚怎么办？如果照此发展下去，可能最先灭绝的就是洞庭湖的江豚了。

梅志刚输了，也信守承诺，一个星期没有刮胡子。但内心充满了失望：或许是湖面上的采砂船实在是太多了，影响了江豚的迁移。

从最初研究生时代初次参加洞庭湖考察，一直到现在成为中国科学院水生生物研究所鲸类保护生物学学科组生态实验室负责人，每次结束洞庭湖考察，梅志刚都要在洞庭湖大桥那里监测，这似乎成了他心中的执念：何时才能看到江豚越过大桥前往长江干流啊！

唯一一个显著增长的自然种群

2012年，一则新闻彻底引爆了人们对洞庭湖环境破坏的思考。

2012年的早春，东洞庭湖水域在44天内发生了12头江豚意外死亡的事件，引发了社会的极大关注，也敲响了洞庭湖的生态警钟。这让湖南省政府和岳阳市政府高度重视，下定决心要采取一系列强有力的保护措施。

一场“雷霆行动”迅速开展。

捕鱼作业在白天基本上看不见了；鹿角、南洞庭、湘江沿河两岸的小造纸厂全部关停，河面上的白色泡沫带逐渐消失；洞庭湖江豚保护区中的大部分采砂船逐步暂停采砂，直至2017年全部禁止采砂。湖面肉眼可见变得清澈起来，不再像泥浆水那样浑黄。

2017年，梅志刚带队对洞庭湖江豚种群数量进行考察，惊喜地发现在岳阳市南岳坡附近的城区江段已经有江豚活动了。江豚也开始靠近洞庭湖大桥，这在之前可是从来没有过的景象。2018 年 7 月 24 日，农业农村部正式发布了 2017 年长江江豚生态科学考察结果：2017 年长江江豚种群数量约为 1012 头，其中长江干流 445 头，洞庭湖 110 头，鄱阳湖 457 头。洞庭湖江豚种群是唯一一个显著增长的自然种群。政府和民间力量这些年的行动与努力，确实使洞庭湖生态在逐渐变好。

谈及洞庭湖的变化，感受最明显的可能就是当地的老百姓了。2017 年，梅志刚带队做完洞庭湖的考察后与开船的 2 位师傅，还有在趸船上值班的师傅们一起吃饭，庆祝考察顺利完成。

一群人围着一张桌子，吹着湖边的风，吃着鱼火锅，谈论着洞庭湖这几年翻天覆地的变化。

“洞庭湖真的变好了，变得有秩序了！”

“采砂的船慢慢越来越少了，江豚也比以前多了！”

“水也比之前好了，我们现在都会下去游泳。”

众人你一言我一语地谈论着最近几年对洞庭湖变化的切身感受。是啊，他们现在都敢下去游泳了，这在以前，是绝对不可能的。

从 2012 年的 90 头到 2017 年的 110 头，再到 2022 年最新考察结果为 162 头，洞庭湖江豚数量的增长，给了科研人员很强的信心。到如今再去洞庭湖考察的时候，忙碌的不再是曾经的采砂船、渔船、造纸厂，而是科研人员。一开船就不停地做着记录，有多少江豚出水，在什么方位，等等。

随着洞庭湖管理的规范，环境也逐渐变好，洞庭湖江豚种群数量恢复增长的同时，活动范围也越来越广了。江豚开始沿着各个支流四处游弋：向南游到了长沙的望城区，游进了汨罗江，向西甚至游到了 70 千米外的安乡松滋河……

第十六章
长江的渐变

这确实值得高兴，能观察到长江江豚的水域是武汉白沙洲洲头，前3次流域性的考察都没有在武汉城区江段看到江豚，这一段也被认定为长江江豚分布的“空白区”……

武汉城区江段不再是江豚分布“空白区”

“嘟、嘟、嘟”……

3声汽笛长鸣后，两艘科考船缓缓驶离武汉渔政码头，正式拉开了“2022年长江江豚生态科学考察”的序幕。码头上的“长枪短炮”对着科考船一顿猛拍，不当班的科考队员和船员们站上甲板，兴奋地与码头上送行的人们挥手告别。这样“隆重热烈”的欢送仪式也只有流域性的科学考察才配拥有。而这样的热烈，在梅志刚看来已经习惯。

每5年一次的流域性长江江豚考察，是我国最大的野生动物种群调查活动之一。主要目标不仅包括调查长江江豚的种群动态和栖息地环境，也是一次盛大的长江水生生物多样性保护宣传。长江江豚已经从默默无闻变成中国最受关注的野生保护动物之一，取得这了不起的改变是由于其极度濒危的种群现状，更多则是由于国家实施长江大保护的政策。作为长江生态系统的旗舰物种，它们是衡量长江生态环境好坏的标志，受到全社会的普遍关注。

船舶缓缓地向上游行驶。梅志刚站在武汉渔政 026 船的甲板上，组织第一班上岗的科考队员开始观察。尽管这已经是他第三次作为科考队长带队进行 5 年一次的长江江豚考察，但他看上去还是略显紧张。而且，这种紧张比他前两次带队参加科考更甚。

这一次，与以往显著不同的是，科考队员来自沿江的水生生物保护区、渔政和科研院校，还有少量的志愿者，整个科考队有 200 多人。这是一个庞大的队伍！长江江豚的保护有了更多的力量！因此，他们调整了考察设计，将原来由一支考察队负责流域整体科考的方式，改进为按照长江中下游的地理格局，分为宜昌至城陵矶、城陵矶至鄱阳湖湖口、湖口至南京和南京至长江入海口四段同步开展考察，这样在时间上的一致性更好。而且，随着近年来实施了“十年禁渔”和“长江大保护”，长江江豚的分布范围更广，在长江和洞庭湖及鄱阳湖的支流内也逐渐有了长江江豚的分布。因此，还专门增加了汉江以及两湖支流水域的考察。

从 2022 年 3 月开始，梅志刚就负责制定考察技术方案、准备科考设备和遴选科考队员。在正式考察开始之前，又连续开展了 2 次考察方案及长江江豚观察技术的培训。辛苦但也幸福，终于可以启动科考了。

科考船沿着长江两岸向上游行驶，穿过岿然屹立的武汉长江大桥，钢铁与混凝土的力量扑面而来。天堑变成了我们的通途，不知生活在水里的

▲科考队员正在长江上考察（王娟　摄）

长江江豚会不会被这一座座大桥阻断回家的路？

“船长，小心右前方正在横穿的船只，保持航向，减速通过。”

对讲机里传来了声学监测团队的声音，而这个声音会在整个科考过程中频繁地响起。科考除了需要目视观察外，还需要在船尾拖曳着实时被动声学监测设备来监听长江江豚的声音。这是中国科学院水生生物研究所专门研发的技术，也是当前全球河流及近海小型齿鲸种群考察普遍采用的技术手段。而 2022 年，对这套设备又进行了升级，采用 5G 传输和基于人工智能识别的算法软件，所有的数据分析都可以实时完成。一旦发现长江江豚的声信号，立马就能进行提醒，大大提高了长江江豚的监测效率。设备用缆绳拖曳在科考船尾约 100 米处，由 4 人组成的声学监测团队专门负责设备的安全和数据分析。尽管不用像前几次考察那样，时时提防设备挂到渔民布置在近岸的网具，但是往来如织的船舶还是对设备的安全构成了威胁。需要频繁通过高频沟通来往船只，必要时还得拉起缆绳，是个体力活。

临近中午，船顶的甲板传来了欢呼！发现长江江豚了！

“距离 400 米，角度 -42，两头江豚，没有小豚，栖息地环境是沙洲洲头。”来自江西省水生生物保护救助中心的戴银根老师，熟练地报出观察到长江江豚的信息。他是我们科考队的第一个幸运儿。大家在前一天晚上的技术讨论会上就已经提出建议，第一个看到长江江豚的科考队员晚餐奖励一瓶啤酒，他有口福了。

所有的考察队员都到甲板上观察长江江豚，兴奋不已。这确实值得高兴，观察到长江江豚的水域是武汉白沙洲洲头，前 3 次流域性的考察都没有在武汉城区江段看到江豚，这一段也被认定为长江江豚分布的“空白区”。2020 年以来，武汉市政府接受了中国科学院水生生物研究所王丁研究员的建议，开始实施“长江江豚重返武汉计划”，这也是武汉市践行“长江大保护”政策的重要行动。其中，关键的举措就是恢复长江武汉段的洲滩环境，吸引长江江豚前来栖息。通过拆除岸边的生产性码头，清退沙洲上的人类活动，严格禁止渔业捕捞等措施，自然环境得到了较好的恢复。实际上，从 2021 年开始，梅志刚和同事们就监测到有长江江豚在这片水域栖息。类似的情况，在长江干流的枝城、泰州和南通等江段都在发生。这些水域过去由于人类活动密集，洲滩开发严重，是长江江豚分布的“空白区”。而现在在汉江、洞庭湖和鄱阳湖的支流水域，也频繁地发现长江江豚的身影，媒体和志愿者都乐此不疲地去拍摄它们。“只要有一个安稳的环境，扰动少一些，长江江豚就会过来定居。”梅志刚这样说道。

每一次参加考察，梅志刚还有一项重要的任务——控制体重。以前科考船上一般都会配备专门的厨师，肉多、油足、量大、味美是基本要求。最让他回味的是宋师傅烧的鱼。这鱼可不一般！有一次科考队到达宜昌停靠时，刚好赶上中国水产科学研究院长江水产所等机构在葛洲坝下开展中华鲟产卵情况的监测。他们会捕捞江底的食卵鱼，解剖后查看它们胃内是否有中华鲟的卵。尽管自 2013 年以来，中华鲟在葛洲坝下的自然繁殖中断，再没有观察到这些鱼类摄食中华鲟鱼卵的情况。但这些解剖后的鱼，会被送给科考人员。宋师傅就把这些鱼剁成麻将牌大小的鱼块，用盐腌制，随后自然晾干，在时间和盐分的作用下，鱼肉脱水，变得紧实。烹制时再辅以他 30 年的娴熟手法，小火慢煎，出锅前撒上号称"美食灵魂"的花椒，那滋味只有一大碗又一大碗米饭才配得上。因此，对于梅志刚而言，"每逢科考胖十斤"。

2022 年这次考察的情况有了很大不同。一是他们负责的考察范围最上游只到城陵矶，距离中华鲟调查队还有 400 多千米。二是已经开始实施"十年禁渔"，禁食野生鱼类。更重要的是，为了保护水环境，长江上所有的船只都严格限制了排污。尽管科考船升级了厨房并装配了污水处理装置，但处理后的水也不能直排长江。这样，科考船上就不能做饭了，只能简单地烧点开水。开水自然是和泡面最配，各种口味的泡面装满了船舱。午餐时，大家一起吃着泡面，听着梅志刚描述着江鱼的美味，汤都要多喝几口。一趟科考下来，各家泡面的分量和口味算是"了然于口"。

欲知豚安否，江畔问沙鸥

长江水肉眼可见地变清澈了。武汉渔政 026 船的张船长是老队员，他

2017年也参加了科考。平时他就住在武汉渔政码头的趸船上，现在他更偏爱用长江水简单过滤后煮鱼，这样才能吃出鱼的鲜味。在梅志刚的实验室里，保存着2012年和2017年科考时采集的水样。当时他们每隔50千米就采集了一批，并通过武汉白鱀豚保护基金会推动一个长江水环境保护项目。这次考察，他和团队又在同样的位置继续采样。其实都不用复杂的检测手段，摆在一起，变化显著。为了这一江的清水，多吃几桶泡面又何妨。

来自武汉市蔡甸区实验高级中学的祁博老师是此次考察遴选的志愿者。第一次参加大型科考，他难掩激动。"江豚！江豚！1头。"这是他第一次观察到长江江豚的记录。而刚好，梅志刚也正在观察平台值班。顺着他手指的方向，水花泛起处并没有长江江豚出现在梅志刚的望远镜视野中，而且，水花溅起很高，并不是长江江豚出水的信号，祁博老师看错了。在没有受到干扰时，长江江豚出水动作很轻柔和优雅，不会有水花溅起，只有一圈小的涟漪。这是鱼类跳出水面溅起的水花，而这也成了长江江豚目视观察新的干扰因素。

很难想象，我们长江流域也会出现鱼类频繁跃出水面的壮观景象，而且这还是在长江干流。等梅志刚再带队到鄱阳湖开展考察时，科考队员们面临的一项"严肃"工作竟然是避免被跃出水面的鱼撞伤！给他开船的占柏山师傅是都昌县的渔民，自2008年开始就和梅志刚一起在鄱阳湖做考察。禁渔后，鱼真是多了，他说不敢想象有一天鄱阳湖的鱼会自己跳到船上来。2022年初，他在鄱阳湖开船时被跳起来的鲢鱼撞到额头，疼了3天。他的一位叔叔居然不幸地被鱼撞开眼角，缝了十几针。他开玩笑说，以后做鄱阳湖长江江豚考察，不仅要眼观六路，还要像骑电动车一样戴上头盔了。

科考船第一天停靠在簰洲湾镇海事码头，这也是每一次长江江豚考察停靠的第一站。在码头正对面的大堤上，矗立着一个白鳖豚标志碑，这是湖北长江新螺段白鳖豚国家级自然保护区的界碑。白色的白鳖豚标志碑掩映在两岸葱翠的树林中，守望着川流不息的江水。

簰洲湾镇是一个蓄滞洪区，地势低洼，原本是长江的一部分，也是长江江豚和鱼类等生物生活的地区。现在，通过修筑大堤，隔绝了与长江的联系。小镇不大，以前多是渔民，禁渔后，年轻人基本都出去务工，显得颇为冷清。

小镇最为出名的美食是簰洲湾鱼丸，采用鲜活的草鱼，去皮，剁碎，反复摔打，挤成鸡蛋大小煮熟，即大功告成。吃的时候，可蒸可煮，最特别的是油炸，脆而不失嫩滑，实为一绝。晚餐时，梅志刚还叫来老朋友桑忠新。禁渔前他是当地最有威望的渔民，这些年不去长江上捕鱼，专心在家带孙女。年近七十的他，声如洪钟，健步如飞，越活越年轻。他还是保护区的监测员，主要负责簰洲湾这一水域长江江豚和非法垂钓活动的观察，平时没事就会在长江大堤上转悠。“现在长江里的大鱼太多了，长江江豚也多了，我听说在鄱阳湖有江豚被钓鱼钩挂住，是一个风险，要管管。”他道出了自己的担心。

科考队员江华炎和高强来自新螺段白鳖豚国家级自然保护区，从簰洲湾开始，就进入了他们的地界。而且，高强还参加了 2017 年的科考，是老队员。晚上的例会上，他们热情地向科考队员们介绍保护区的情况。他们建立了我国水生生物保护区的第一个数字化管理系统，采用激光雷达、视频监控和水下实时被动声学监测仪等设备构建了天网系统，高科技手段让违法的人类活动无处遁形。而且，过去几年，保护区范围内一共拆除和整合了 323 个码头，并对所有拆除的码头岸线进行了生态修复。明天大家一定可以看到更多的长江江豚！这是他们对科考队伙伴们的承诺。

果然，第二天一开船，就在 16 号浮标附近发现了成群的长江江豚。这个水域岸边原来是一片砂石码头，岸边成片的滩涂被黄沙覆盖，就像一块大伤疤。现在复绿了，逐渐又恢复了生机。随着科考船的行进，两岸郁郁葱葱，确实是更绿了。一块一块伤疤的愈合，也预示着长江正在逐步恢复健康。与此同时，梅志刚也发现了一个问题，这些区域基本都种上了树，而且多是杨树。杨树易活、耐淹、成材快，确实是复绿的快速手段。可是，杨树在种植早期不能长期淹水，因此就需要修筑矮坝或者利用高滩来控制水位，这就又改变了洲滩的自然水文过程。简单来讲，就是该淹没的时候淹不掉，鱼类等水生生物不能有效利用这些生境。而且，杨树叶面宽大，蒸腾作用强，对地下水位的影响不容忽视。单一树种也容易引起虫害，药物除虫还可能带来污染。

自然的河漫滩是长江生命力的根本所在，生态系统的大多数生物过程和物质循环都在此完成。比起这种单一的恢复方式，梅志刚更希望开展基于水生生物的生境需求，结合水文节律，实施更有效的河漫滩恢复。他和团队几年来一直在开展长江河漫滩演变及生态效应的研究，当前自然淹没的河漫滩不到 20 世纪 70 年代的 1/30。“十年禁渔”是长江生物多样性恢复关键的第一步，可这只解决了由于捕捞带来的问题。河漫滩得不到恢复，这些鱼到哪里去繁殖和生长呢？就像种地，光有好种子，没有足够的耕地，总产量不可能上去。因此，他认为恢复长江的自然河漫滩是长江水生生物多样性恢复的关键措施，而需要恢复多少？在哪里恢复？如何恢复？是他正在逐步解答的科学问题。

科考船不时经过沙洲，梅志刚向研究生们一一介绍这些沙洲在长江航道图上的学名和当地的俗名，讲述这些水域关于白鱀豚和长江江豚的故事。纸上得来终觉浅，生态学尤其是做生态保护的研究人员，需要脚踏实地的感知，这样才不至于做出在科学上完全正确可又与现实情况不相符合、难以落地实践的研究成果。而熟悉地名，可以快速与当地的管理者、渔民和居民沟通，让你看上去不外行，他们才会乐意分享最真实的观察结果和感受给你。

几只沙鸥悠闲地在沙滩上散步，梅志刚诗兴大发，随口完成了他本次考察的一个保留任务。

“船过南门洲，百舸竞中流。欲知豚安否，江畔问沙鸥。”

原来，在2017年考察时，由王克雄和郝玉江带头，科考队员中流行起写诗。大家不管平平仄仄，追求的就是一种真情流露。科考结束时，由武汉白鱀豚保护基金会赞助，将大家的诗整理成集出版，是珍贵的纪念。因此，此次科考，这个传统当然要保留。

科考船从城陵矶掉头，向下游一直到鄱阳湖湖口，湖口是科考队在干流最下游的一站，科考船抵近石钟山，而石钟山的下游是湖口县的金沙湾工业园区。这是一个化工园区，高高矗立的烟囱上，神奇地“画”满了蓝天白云。梅志刚记得2012年考察时，这个区域弥漫着一股酸臭的味道，江面上雾蒙蒙的。准确地说，那不是雾，是霾。随着国家着力解决化工围江和空气质量的问题，工厂从长江边清退，废气严格处理，雾霾消失了。

历时8天，长江干流的同步考察结束后，梅志刚又匆匆地赶赴鄱阳湖。

长江变好了，最终也体现在长江江豚的种群数量呈现了历史性的止跌回升。这是一个积极的开端，长江会更好，长江江豚也会更多。

第十七章
“中国智慧”“中国样本”

就在中国对长江江豚实施三大保护措施的同时，在地球的另一端，生活在墨西哥加利福尼亚湾中的小头鼠海豚成了极度濒危物种，随之而展开的迁地保护计划也宣告失败。为了总结小头鼠海豚迁地保护失败的教训，研究迁地保护在全球其他受威胁小型鲸类保护中应该扮演什么样的角色，世界把目光转向了中国……

江豚保护的“中国梦”

每每有人问王丁，江豚保护工作做了几十年，有什么感想，有什么经验可以分享的。他总是感叹道，自己四十年的保护工作可以分成 4 个阶段：第一个阶段是当他跟别人讲保护的时候，别人不仅不理不睬，还会问江豚好不好吃；第二个阶段，当他讲保护的时候，大家会点头回应，转过身却不当一回事；第三个阶段，人们开始重视起来，会主动问他，江豚要怎么保护啊，会听取专家意见推进保护工作；如今，到了第四个阶段，全社会都在自发地开展江豚保护工作。

“从最初的无奈、可气，到如今的欣喜、充满希望，一方面说明了整个社会对动物保护意识的向好转变；另一方面也说明了这四十年的努力是值得的。唯有坚信科学，坚定信念，才有可能取得好的结果。”王丁如是说道。

2022年长江江豚科学考察，是自2006年来的第四次全流域长江江豚考察。其实自20世纪90年代开始，中国科学院水生生物研究所就开始了系统性的流域考察。但从2006年的七国联合考察开始，才根据长江的地理、水文等特征，确定了更为科学的考察方式。经历多次的验证，在第四次考察中，科研人员在传统的目视、被动声学考察方式上，又新增了自动影像辅助系统，以及水环境采样等手段，便于更准确地考察江豚种群分布情况及栖息环境现状。2023年2月28日，农业农村部发布了第四次考察的结果，长江江豚种群数量由1012头增长至1249头！这是长江江豚首次实现种群的止跌回升。但与20世纪90年代的情况相比，它们仍然极度濒危，数量比大熊猫还要少。

但比起已经消失的白鳖豚来说，长江江豚还是幸运的。原本为保护白鳖豚提出的三大保护措施，在它们身上得到了实践和完善，到如今，已成为完整的保护技术体系。

首先是就地保护，也就是保护长江自然的生境。在江豚分布相对密集的水域建立自然保护区，目前，长江中已有8个自然保护区，保护区的长度占长江中下游长度的30%以上。

其次是迁地保护，目前长江流域已有3个迁地保护区。最早成立的迁地自然保护区——湖北长江天鹅洲白鳖豚国家级自然保护区，在20世纪90年代初引入了5头长江江豚，在2021年普查中发现，已有约100头长

▲夕阳下，新螺江段江豚在水中嬉戏（李辰亮　摄）

江江豚。天鹅洲保护区作为最重要的长江江豚“种子资源库”，已向外输出了 49 头长江江豚。阳光总在风雨后，几经磨难的天鹅洲长江江豚迁地保护种群，终于也迎来属于自己的春天。其中，向湖北长江新螺段白鳖豚国家级自然保护区输出的两头长江江豚，在经过两年的野化后，于 2023 年 4 月 25 日放归至长江干流中。这是长江江豚第一次野化放归，尽管只是试验性的工作，但对于长江江豚保护体系来说是一个工作闭环。

最后是人工繁育研究，也取得了阶段性的进展。第一头在人工环境下出生的江豚淘淘，也迎来了它的孩子——第二代江豚汉宝和 F9c22。目前，在人工环境下已有 4 头长江江豚繁殖成功并健康成长，它们都受到了社会公众的关注和喜爱。

除了完善的保护体系外，长江江豚的保护也恰逢最好的时机。党的十八大以来，党中央、国务院高度重视长江生态环境保护。习近平总书记多次深入考察，先后在重庆、武汉、南京发表系列重要讲话，就保护长江母亲河提出了一系列严格要求。2016 年，习近平总书记为长江生态保护与长江经济带发展的关系，指明了总方向，确定了总基调："长江拥有独特的生态系统，是我国重要的生态宝库。当前和今后相当长一个时期，要把修复长江生态环境摆在压倒性位置，共抓大保护，不搞大开发。"2018 年，习近平总书记在宜昌考察时强调："要坚持把修复长江生态环境摆在推动长江经济带发展工作的重要位置，共抓大保护，不搞大开发。不搞大开发不是不要开发，而是不搞破坏性开发，要走生态优先、绿色发展之路。"2021 年 2 月 5 日，长江江豚也从国家二级重点保护野生动物调整为国家一级重点保护野生动物。同年 3 月 1 日，《中华人民共和国长江保护法》正式实施，这是我国第一部流域法，也是落实长江大保护的重要法律保障。

长江大保护以来，最重要的措施莫过于长江"十年禁渔"。在很长一段时间里，搁浅的江豚中大部分是由于误捕、非法渔具致伤而死亡的，加上过度捕捞使得渔业资源减少，长江一度出现无鱼可捕的现象。由此，长江禁渔，成了有识之士的共同呼吁。但长江作为母亲河，自古以来就是渔民赖以生存的家园，禁渔似乎是一件遥不可及的事情。

2006 年，曹文宣院士首先提出了要实施长江"十年禁渔"。由于酷捕滥捞，长江渔业资源大幅衰减，水生生物的生存环境也日趋恶化，随之而至的是珍稀物种的灭绝。除了和白鱀豚一样消失的白鲟，中华鲟、长江江豚也极度濒危，鲥鱼难觅踪迹，刀鲚也鲜少可见，就连四大家鱼也大幅减少。因此，曹文宣院士一直呼吁了整整 10 年，终于在 2016 年，"十年禁渔"曙光初露，农业部发出《关于赤水河流域全面禁渔的通告》，这是在赤水河打响了第一枪。随后各相关保护区及当地渔政也都开始纷纷响应，2021 年 1 月 1 日，长江“十年禁渔”正式在全流域重点水域实施！长江终于也迎来了喘息的机会，渔业资源将得到有效恢复。

自 1978 年成立中国科学院水生生物研究所白鱀豚研究组时起，陈佩薰、王丁等一代代从事保护白鱀豚、长江江豚科研人员的“中国梦”，初步实现了。

世界目光转向中国

世界范围内，和长江江豚一样，还存在其他的濒危小型鲸类，但像长江江豚这样成功完成迁地保护的还没有。在地球的另一端，在墨西哥加利福尼亚湾中有一种小头鼠海豚，可以说是长江江豚的远亲。它们身体呈铅灰色，体长与长江江豚相似，成年豚体重却只有 30 ~ 35 千克，是全球最小的鲸类动物。受当地渔业影响，小头鼠海豚也成了极度濒危物种，种群数量到 2016 年 11 月仅剩 30 余头，截至 2023 年仅剩 10 余头。

为了拯救小头鼠海豚，2017 年，由美国、丹麦和墨西哥等国的科研人员组建了一支国际科考队，对加利福尼亚湾的小头鼠海豚实施捕捞和迁地保护。在茫茫大海上，科考队安排了大量有观察经验的目视队员在船上通过大口径望远镜搜寻它们的身影，同时还在水下布置了大量的由水下被动声学监测仪器组成的声学监听阵列，通过昼夜监听小头鼠海豚的声呐信号确定它们的位置。这次捕捞历时 20 多天，一共捕捞两头个体，一头在捕捞起水后有强烈的应激反应，直接死亡；为避免不测，另外一头也只能立即释放。小头鼠海豚的迁地保护计划也因此宣告失败。

为了总结小头鼠海豚迁地保护失败的教训，讨论在全球其他受威胁小型鲸类保护中迁地保护应该扮演什么样的角色，2018 年 11 月，一场汇聚了来自动物园、水族馆和世界自然保护联盟的鲸类动物生物学学者、兽医和各行业专家的鲸类动物迁地保护方案研讨会（*Ex Situ* Options for Cetacean Conservation，ESOCC）在德国召开。

作为世界自然保护联盟鲸类专家组成员，王丁受邀远赴德国参加此次会议，并应大会邀请作《长江江豚迁地保护实践》的报告，介绍了中国长江江豚迁地保护 20 多年来的发展以及取得成功的经验。王丁带来的经验分享让世界专家眼前一亮，被誉为世界濒危小型鲸类保护“黎明前的希望曙光”。会后，各国专家纷纷向王丁表达想来中国实地考察长江江豚迁地保护成果的意愿。

以此为契机，2019 年 11 月 21 日，由中国科学院水生生物研究所和世界自然保护联盟发起的“长江江豚保护进展及启示国际研讨会”在武汉召开。这也是自 1986 年第一次淡水豚生物学及保护国际学术论坛召开后，时隔 33 年又一次在中国科学院水生生物研究所召开的淡水豚类保护的会议。这次大会，不仅可以进一步加强我国鲸类保护学界与国际同行的学术交流，扩大我国在海洋哺乳动物保护方面的国际影响力，而且还将为世界其他受威胁小型鲸类的保护提供重要帮助。

正式会议开始前，王丁带领来自美国、英国、新西兰、荷兰、意大利、澳大利亚、日本等国的多位鲸类专家，先后实地参观考察湖北何王庙 / 湖南集成迁地保护区和湖北长江天鹅洲白鱀豚国家级自然保护区。初冬的故道江面上，夹杂着轻微的寒意，仿佛是知道有贵客来临似的，长江故道中的长江江豚在考察船附近的水域跃水而出，天生自带标志性的微笑就像是在和贵客打招呼。在落日余晖的衬托下，一幅水美豚欢的美景在专家们面前呈现。这次实地考察，给国外专家们留下了深刻的印象。

此次会议，王丁带领团队成员王克雄、郝玉江、郑劲松等详细介绍了我国长江江豚整体保护工程，以及长江江豚就地保护、迁地保护和人工繁育三大保护措施实施过程中遇到的困难与挑战，和国内外与会专家进行广泛讨论，为我国长江江豚保护及管理提出更加科学的建议，也为世界其他受威胁小型鲸类保护提供帮助。

从事鲸类研究保护工作四十余年，王丁团队在长江江豚的研究和保护方面取得了重要进展，在国际鲸类研究和保护领域产生了重要影响，被誉为“中国智慧”，被国际鲸类学界推荐为其他小型鲸类保护的“中国样本”。

2021 年，王丁被国际海洋哺乳动物学会（SMM）授予“荣誉会员”称

▲ 长江江豚保护进展及启示国际研讨会参会人员合影（中国科学院水生生物研究所　供图）

号，也是该学会目前仅有的 18 名“荣誉会员”中唯一的中国入选者。这不仅仅是对王丁个人在长江江豚保护方面科研成就的国际认可，更是对“中国智慧”“中国样本”的国际认可。

尾声

全民参与

“如今，全民参与江豚保护的格局已经形成，通过职能部门的政策指导，科研人员的技术支撑，企业的社会责任加持，社会公众的持续关注，志愿者和民间组织也逐渐成为长江江豚保护、长江大保护中不可替代的力量……”

长江作为中华民族的母亲河，不仅孕育了多样的生命，也是中国重要的经济带，因此，如何处理保护和发展的矛盾，一直是长江面临的主要问题。改革开放早期，由于经济结构所限，发展对环境和资源高度依赖，对长江生态环境和水生生物资源造成极大破坏，这也是加速白鱀豚最终走向功能性灭绝的原因之一。如果没有全民支持和参与，就很难将保护工作落到实处，也不可能真正形成长江经济带发展的良性循环。

据王丁回忆，一次他在某地考察，当大家正在讨论为长江江豚的前景感到深深的担忧时，突然其中一位同志冒出一个让王丁很惊诧的问题："这个江豚好不好吃？"王丁回头看了他一眼，心里很是惊诧，但还是礼貌地回了一句："不好吃！"没想到对方又继续追问："不好吃为什么要保护它？"这下可真把王丁给问懵了，他心想：现在居然还有人有这种想法。可以想象，当时长江豚类保护工作所面临的困难和挑战。这也让他意识到，仅凭科研人员的热情和努力还不足以保护长江豚类，一定要唤起民众对长江的保护意识，他暗下决心要以科研为基础，大力推动长江江豚的科普工作，让更多人了解白鱀豚，认识长江江豚，让更多的人意识到保护长江豚类以及长江生态的意义。

第一个白鱀豚民间保护组织

1996 年 2 月，时任国家科委副主任徐冠华同志到东湖开发区视察工作，他到白鱀豚馆参观了白鱀豚淇淇，在了解了白鱀豚的濒危状况以及保护面临的困难后，当即提议东湖开发区给予支持。东湖开发区和中国科学院水生生物研究所高度重视，积极响应。经东湖开发区管委会的努力，在武汉市委、市政府的关怀下，为白鱀豚馆争取到了第一笔捐款。为了给白鱀豚的研究和保护提供更稳定的经费来源，东湖开发区管委会和中国科学院水生生物研究所经过深入细致的调查研究，提出成立武汉白鱀豚保护基金会的设想。

1996 年 9 月 20 日，中国人民银行武汉市分行经中国人民银行总行批准后，批复同意成立武汉白鱀豚保护基金会；12 月，得到了武汉市民政局同意批复；12 月 25 日，武汉东湖开发区管委会和中国科学院水生生物研究所在东湖开发区举行新闻发布会，正式宣布“武汉白鱀豚保护基金会成立”，选举产生了第一届理事会，时任湖北省政协副主席、中国科学院院士刘建康先生被推选为基金会理事长，王丁任秘书长。

武汉白鱀豚保护基金会，是我国成立的第一个以白鱀豚和长江江豚保护为目标的公益组织，也是国内第一个以水生野生动物名命名的公募基金会。

基金会与白鱀豚明星淇淇

白鱀豚保护基金会成立之初，围绕白鱀豚保护知识开展了大量的科普活动，也使白鱀豚淇淇走进了大众视野，成为长江水生生物保护的“代言人”。在基金会的推动下，白鱀豚的故事通过电视、报纸、邮票等形式逐渐家喻户晓。当时武汉市的小学生都以能到白鱀豚馆看一眼淇淇为一种特殊的“荣誉”！同时，中国邮政还以淇淇为原型设计出了两套白鱀豚邮票；淇淇的故事还曾两次入选小学语文教科书，并成为中国第四届大学生运动会的吉祥物。当时白鱀豚是十足的大明星，甚至还有多种商品，如啤酒、服装等，都以白鱀豚为品牌注册了商标。

白鱀豚淇淇像落入人间的天使，受到广大民众的喜爱与怜惜，它在白鱀豚馆生活了将近 23 年，不仅为中国鲸豚类的研究和保护做出重要贡献，也对提升全国民众的长江水生生物和生态环境保护意识产生了深远影响。

江豚成为基金会工作重心

基金会的成立有效推动了全国民众对白鱀豚和长江江豚的了解，但是在当时的历史条件下，单靠一个微弱的民间力量仍不足以对白鱀豚的命运产生决定性影响。2006 年，王丁邀请来自 7 个国家的鲸类专家在长江上进行了为期 38 天的考察，但最终没有发现白鱀豚的身影，也于次年宣告了白鱀豚的“功能性灭绝”。

白鱀豚的消失，为长江生态保护敲响了警钟，也为长江江豚的保护注射了一剂强心针。随着白鱀豚的消失，基金会的工作重心也逐渐转移到长江江豚的保护上来，“不能让长江江豚再步白鱀豚的后尘”成为基金会决心要坚守的底线。

保护理念的培养要从娃娃抓起，基金会认为“小手牵大手”会产生巨大而长远的效应，随即逐步在长江沿岸城市建立了 10 所“守护江豚示范学校”，在无数小朋友心中植下了保护长江的种子。同时，基金会还有计划地组织了如“长江净滩”“小小宣讲员”“为江豚来奔跑”等丰富多彩的科普

▲ 1980 年发行的白鳖豚主题邮票（中国科学院水生生物研究所　供图）

宣教活动，吸引大量民众参与长江水生生物的保护行动。此外，基金会联合中国邮政等单位推出江豚邮资明信片、首日封等多种文创产品。2022 年，在武汉市农业农村局的组织下，基金会联合“武汉云”等科技单位，推出了“数字江豚”项目，将生态江豚、文化江豚和经济江豚紧密结合，开创了数字时代长江大保护的新形式，也将江豚保护科普宣教工作推向了新的高度。通过一系列活动的开展，“微笑天使”“长江精灵”的长江江豚形象渐渐深入人心，长江大保护的理念逐渐成为广大民众的共识。

从星星之火到全民参与

在国家长江发展理念的引领下，在武汉白鱀豚保护基金会的影响下，长江江豚保护的社会力量已由当初的星星之火快速发展成燎原之势，各种民间保护组织越来越多地参与到长江江豚和长江生态的保护中。2002 年，世界自然基金会开始在武汉设立办公室，重点关注并深度参与长江江豚的保护工作，利用国际募集资金开展了大量栖息地保护、生境规划、科普宣教等活动，为引进国外先进保护理念、推动中国长江水生生物保护发挥积极作用。2011 年，江苏省扬州市江豚保护协会成立，一大批高校学生加入到保护长江江豚的队伍当中。2015 年，江苏省南京江豚省级自然保护区成立，随之，南京江豚水生生物保护协会也于同年成立。在保护区和协会的共同努力下，如今南京保护区生态环境得到有效改善，江豚数量不断增加，南京成为全国为数不多在市区江段就能随时观测到野生江豚群体的大城市，保护区已经成为了众多野生动物爱好者的“打卡地”。此外，在湖北宜昌、江西南昌，还有大量民间摄影志愿者组成“江豚守望者”，拍摄江豚照片和视频，为长江江豚的保护宣传发挥了不可替代的作用。2016 年，湖

▲武汉白鱀豚保护基金会开展科普活动（武汉白鱀豚保护基金会　供图）

北省长江生态保护基金会成立，在主管部门的领导下开始推动长江协助巡护工作，为促进渔民转产和江豚保护发挥了重要作用。据不完全统计，目前在洞庭湖、鄱阳湖、湖北石首、安徽安庆、江苏镇江等多地都成立了江豚保护和长江生态保护的民间团体组织，总数量接近 50 家。2017 年，由全国水生野生动物保护分会牵头，成立了“长江江豚拯救联盟”，把所有与江豚保护相关的民间组织、爱心企业、科研单位、职能部门等都组织在一起，共谋江豚保护发展。全民参与长江大保护的局面已经形成。

从 1996 年第一个长江豚类民间保护组织的成立，到如今与近 50 家长江生态保护民间组织共同携手，民间团体已经成为长江水生生物和长江生态保护的中坚力量，这一刻，我们惊喜地发现，全社会的共识正在凝聚：

江豚保护是全社会的事，不是一两个科研机构或社会公益组织的事。这一刻，陈佩薰、王丁等一代代科研人员会更有底气地说：长江江豚，绝不会重蹈白鱀豚的覆辙。

我们的母亲河——长江，正在焕发生机；长江的微笑，正在绽放。

附录

附录一 白鳘豚、长江江豚保护大事记

1978年

成立中国科学院水生生物研究所白鳘豚研究组，陈佩薰任组长，刘仁俊、刘沛霖、林克杰为组员。

1979年

冬，湖北石首渔民首次捕获3头长江江豚。中国科学院水生生物研究所科研人员开始尝试在土鱼池中人工饲养这三头长江江豚。然而，由于鱼塘水质极差，长江江豚在捕捞时被渔网擦伤，饲养1周左右就发现3头长江江豚感染皮肤病，不久就先后去世。

第一次人工饲养长江江豚虽然失败了，但积累了一定的经验，也让科研人员看到了饲养长江江豚的可能性。

1980 年

1 月 11 日，一头幼年雄性白鱀豚在洞庭湖口的长江边被渔民误捕，次日被运至中国科学院水生生物研究所，取名为“淇淇”。淇淇也成为首次被人工饲养的白鱀豚。

1985 年

11 月 16—18 日，湖北省农业局主持召开湖北省白鱀豚保护工作会议。会上陈佩薰首次提出拯救白鱀豚的三大保护措施——就地保护、迁地保护、人工繁育。

1986 年

3 月 31 日，由中国科学院水生生物研究所主持的我国首次人工捕捞白鱀豚获得成功，捕捞一雄一雌两头白鱀豚，成年雄性取名为“联联”，幼年雌性取名为“珍珍”。

10 月 27—30 日，由世界自然保护联盟（IUCN）濒危物种委员会鲸类专家组发起的世界首届“淡水豚类生物学和物种保护国际讨论会”在武汉召开。

在本次会议上，陈佩薰等人提出白鱀豚的保护，要采取就地保护、迁地保护以及人工繁育相结合的方式。这是中国科研人员在国际上首次提出对鲸类动物实施迁地保护。会后，世界自然保护联盟将白鱀豚的保护级别定为“濒危”。

1990年

中国科学院水生生物研究所组织渔民在长江干流先后分两批次捕获5头江豚，放进湖北省荆州市石首市的天鹅洲长江故道保护区。5头江豚作为白鱀豚进入天鹅洲故道的“先锋官”，开始进行试养，为白鱀豚迁地保护计划积累经验。

1992年

10月27日，经国务院批复，长江天鹅洲白鱀豚自然保护区升级为国家级自然保护区。

11月12日，新白鱀豚馆开馆仪式在中国科学院水生生物研究所举行。

1993年2月—1995年6月

农业部、国务院三峡办公室、中国科学院、湖北省水产局和中国科学院水生生物研究所共同组织，先后进行了5次白鱀豚考察和捕豚工作。来回往返航程6100余千米，共发现白鱀豚6次16头，其中石首江段2次8头，但未能捕获白鱀豚。

1995年

12月19日，在湖北省水产局、湖北长江天鹅洲白鱀豚国家级自然保护区、中国科学院水生生物研究所和石首渔民的密切合作下，一头长2.29米、重150千克的雌性白鱀豚，在石首江段北门口被成功捕获。随后，这头白鱀豚被安全送到天鹅洲故道中，标志着白鱀豚“迁地保护”工程正式启动。

1996年

王丁开始担任鲸类保护生物学学科组负责人，提出“把江豚当作白鱀豚一样来精心饲养”的口号，开始长江江豚人工饲养，从野外引进一雄一雌两头江豚，分别取名为“阿福”和“滢滢”，长江江豚的人工饲养获得成功。

6月，长江暴发洪水，1995年12月捕获的、在天鹅洲故道中生活了187天的、第一头被迁地保护的白鱀豚误入防逃网中，不幸死亡。

12月25日，我国第一个以水生动物为保护对象的基金会——武汉白鱀豚保护基金会成立。

1997年

3月，由陈佩薰、刘仁俊、王丁、张先锋撰写的《白鱀豚生物学及饲养与保护》由科学出版社出版，这是国际上第一本论述一种鲸类的专著。

1999年

白鱀豚馆再次引入江豚晶晶，成功建立首个小型的长江江豚人工饲养群体。

2001年

7月，中国科学院水生生物研究所机构改革，白鱀豚研究室更名为鲸类保护生物学学科组。

2002年

7月14日，世界上唯一人工饲养的白鱀豚淇淇在人工环境下饲养22

年 6 个月零 3 天后辞世。淇淇属于高寿自然死亡。

2004 年

为寻求江豚繁育工作有所突破，科研人员正式引进江豚阿宝作为外援，参与人工饲养群体江豚繁育，也是白鱀豚馆首次尝试开展成年江豚人工饲养工作。

2005 年

7 月 5 日，世界上第一头全人工环境中成功繁育的长江江豚出生，取名为“淘淘”，其父亲为阿福，母亲为晶晶。

2006 年

11 月 6 日，一个由中国、美国、英国、瑞士、日本、德国、加拿大七个国家的科研人员组成的国际考察队，开展了一次全范围的长江淡水豚类考察活动。

2007 年

国际考察队宣布长江淡水豚类考察结果：白鱀豚功能性灭绝；长江江豚数量为 1800 头。

2008 年

受低温雨雪冰冻自然灾害突袭，天鹅洲长江故道结冰，江豚受灾，王丁带领团队紧急驰援。两头受伤江豚天天、洲洲被转入网箱救护，正式开始网箱饲养江豚研究。

2009 年

江豚洋洋从江西鄱阳湖被引入白鱀豚馆。

2010 年

中国科学院水生生物研究所联合天鹅洲白鱀豚保护区对天鹅洲故道展开为时 7 天的江豚普查，检查冰灾后天鹅洲江豚种群恢复状况，并向网箱中引入一头雌性江豚娥娥，开启网箱繁育研究工作。

2011 年

4 月，江豚福七和江豚福九从江西鄱阳湖被引入白鱀豚馆。

6 月，科研人员构建江豚野化放归工作，江豚阿宝和洲洲被软释放回到天鹅洲故道中，江豚多多接替使命来到白鱀豚馆。

2012 年

第二次全范围长江淡水豚类考察，长江江豚种群数量为 1045 头，较 2007 年第一次考察的数量下降 755 头，下降 41.9%。

2014 年

1 月，中国科学院水生生物研究所联合多单位对被困武汉天兴洲的江豚实施救援，并将 4 头江豚送往天鹅洲保护区，改善天鹅洲故道江豚种群的遗传结构。

2015 年

1 月，农业部组织实施长江江豚迁地保护工程，并委托中国科学院水生生物研究所实施。

3 月，湖南省政府和湖北省政府分别批准成立省级自然保护区（湖南称集成保护区，湖北称何王庙保护区），第二个长江江豚迁地保护区正式成立。

11 月，科研人员对天鹅洲故道进行种群普查并进行遗传谱系构建，与江豚阿宝时隔 4 年再次相遇时，发现阿宝已实现四世同堂。故道种群数量超过 60 头，天鹅洲迁地保护种群数量快速发展。

2016 年

春节期间，在白鱀豚馆生活近 20 年的江豚阿福寿终正寝。

3 月，农业部在安徽安庆西江故道建立了第三个长江江豚迁地保护基地，并迁入 7 头江豚。

5 月 22 日，网箱豢养的江豚娥娥诞下幼豚贝贝，成为世界上第一个人工网箱繁殖成功的案例。

2017 年

第三次全范围长江淡水豚类考察，长江江豚种群数量为 1012 头。较 2012 年第二次考察的数量下降 33 头。长江江豚种群数量大幅下降的趋势得到遏制，但其极度濒危的状况没有改变，依然严峻。

2018 年

6 月，时隔 13 年白鱀豚馆再次成功繁育江豚 E 波。其父亲为多多，母亲为福七。

2019 年

11 月，由中国科学院水生生物研究所和世界自然保护联盟发起的“长江江豚保护进展及启示国际研讨会”在中国武汉召开。这也是自 1986 年第一次淡水豚类生物学和物种保护国际讨论会召开后，时隔 33 年又一次在中国科学院水生生物研究所召开的淡水豚类保护的会议。

2020 年

6 月 3 日，中国科学院水生生物研究所白鱀豚馆人工环境下第二代江豚成功繁育，取名为“汉宝”，其父亲为淘淘，母亲为洋洋。

6 月 10 日，天鹅洲故道豢养网箱中的雌性江豚娥娥第二次成功分娩出 1 头小江豚萌萌。

7 月 6 日，中国科学院水生生物研究所与天鹅洲保护区将基本具备“独立自主”生存能力的 4 岁幼豚贝贝从网箱中移出，软释放于天鹅洲故道，让其恢复天然水域的生活。

2021 年

2 月 5 日，调整后的《国家重点保护野生动物名录》正式向公众发布，长江江豚升级为一级保护野生动物。

4 月，再次对天鹅洲故道中的长江江豚种群开展普查，长江江豚种群数量达到100余头，达到环境最大容纳量。已经25岁高龄的阿宝又再次与科研人员相遇，且最新亲子鉴定结果显示，阿宝又增加了一个“儿子”，还不到1岁半。

2022年

6月27日，白鱀豚馆又成功诞生首头人工繁育雌性二代江豚个体“F9c22”。其父亲为淘淘，母亲为福九。

9月，举行第四次全范围长江淡水豚类科学考察活动。

2023年

2月28日，农业农村部公布2022年第四次长江江豚科学考察结果，长江江豚种群数量约1249头，5年增加23.42%。实现了历史性转折，止跌回升。

4月25日，在湖北荆州，4头迁地保护长江江豚回到了长江的怀抱。这是中国迁地保护的长江江豚首次放归长江，也是人类首次实现迁地保护濒危水生哺乳动物的野化放归。

7月19日，在石首江段蛟子河口夹江内，江豚放放、闺闺在夹江中最后一次被拍摄到活动于夹江下游口与干流的交汇处。从第二天起，两头江豚成功进入长江干流。这是我国首次开展迁地保护长江江豚短期野化适应后的放归工作。

附录二

鲸类保护生物学学科组（前“白鳖豚研究室”）工作人员名录（1978—2023）

姓名	进组工作时间	退休 / 离组时间
陈佩薰	1978年	1991年退休
刘仁俊	1978年	2000年退休
刘沛霖	1978年	1984年离组
林克杰	1978年	1984年离组
程万敏	1979年	1985年离组
杨云霞	1979年	1984年离组
陈道权	1980年	2020年退休
肖运全	1980年	1984年离组
喻家福	1980年	1985年离组
顾汉玥	1981年	1983年离组
王小强	1981年	2016年退休
朱海民	1981年	1984年离组

续表

姓名	进组工作时间	退休 / 离组时间
张国成	1981年	1992年离组
官之梅	1982年	1987年离组
华元渝	1982年	1989年离组
李钟杰	1982年	1985年离组
王　丁	1982年	在职
赵庆中	1982年	2015年退休
龚伟明	1983年	2022年退休
王克雄	1984年	在职
曾令太	1985年	1996年离组
李富春	1986年	1998年离组
魏　卓	1986年	2007年离组
张先锋	1986年	2004年离组
马建新	1988年	1989年离组
杨　健	1989年	1999年离组
张新树	1989年	1999年离组
余秉芳	1992年	在职
匡新安	1993年	2010年离组
寇章兵	1999年	在职
梅月花	2000年	2023年离组
郑劲松	2005年	在职
郝玉江	2006年	在职
蒋冬奎	2009年	在职
黄　荣	2010年	在职
王超群	2010年	在职
胡　思	2011年	2015年离组
Sara Platto	2011年	2014年离组

续表

姓名	进组工作时间	退休 / 离组时间
梅志刚	2013年	在职
王致远	2013年	2018年离组
郭洪斌	2014年	2020年离组
陈　懋	2015年	2020年离组
邓正宇	2015年	在职
范　飞	2015年	在职
Matthew K. Pine	2015年	2017年离组
王志陶	2016年	2022年离组
韩　祎	2017年	2021年离组
段鹏翔	2018年	在职
李威伦	2018年	2021年离组
邓晓君	2019年	在职
刘明超	2019年	在职
李　理	2019年	在职
疏贵林	2019年	2022年离组
俸源泽	2020年	在职
胡　淼	2020年	2022年离组
万晓玲	2020年	2022年离组
陈宇维	2021年	在职
周　硕	2021年	在职
袁可萱	2022年	在职
彭博炜	2022年	在职
陈　眺	2023年	在职
马　可	2023年	在职
唐　斌	2023年	在职

▲2023 年 6 月 30 日，鲸类保护生物学学科组合影（肖艺九　摄）